民間軍事会社の内幕

菅原出

筑摩書房

目次

民間軍事会社の内幕

プロローグ

なぜ民間人が武装するのか?

イラク戦争後に治安の悪化したイラクでは、防弾ベストに身を固め、黒いサングラスで視線を隠し、ライフルを両手にもって顧客をエスコートする屈強な男たちの姿が見られる。見るからに軍人だが軍服は着用していない。彼らは武装しているが軍人ではなく、民間人である。

イラクだけではない。アフガニスタンで麻薬撲滅のために尽力するイギリス政府の職員を警護し、リベリアの軍隊を訓練し、イスラエルやパレスチナで和平の仲介の労をとるアメリカ政府高官たちの身を守り、ソマリア沖の海上で海賊対策の巡視船を動かし、ハリケーン「カトリーナ」の猛威を受けて都市機能が麻痺してしまったニューオーリンズで、政府施設や民間施設の警備や治安維持任務を担ったのも、民間企業から派遣された民間人たちであった。

いま世界のあらゆる紛争地や危険地域で、このように武装した民間人たちが「安全を提供する」仕事についている。彼らは民間企業の従業員であり、会社から給料をもらい税金を払い、家族を養うために働くビジネスマンである。

しかし彼らの多くは軍隊のエリート部隊や情報機関の出身者であり、その業務の内容も、危険地域で要人を警護したり、政府の施設を警備したり、警察や軍隊を訓練したり、地雷や不発弾を処理したり、テロリストの収容施設で容疑者を尋問するといった、通常は国家の警察や軍隊が担うようなものである。このような特殊な業務を行なう企業のことを、人はいつしか「民間軍事会社（プライベート・ミリタリー・カンパニー＝ＰＭＣ）」と呼ぶようになった。

なぜ民間人が武装するのだろうか？　かつては国家の警察や軍隊が担っていた任務を、なぜＰＭＣがビジネスとして請け負っているのだろうか？　世界の戦場、紛争地、危険地域ではいま何が起こっているのだろうか？

警察官より警備員のほうが多い先進国

こうした疑問に対する答えを一言で表現するならば、それは「国家が国民に対して十分な安全を提供することができなくなったからだ」といえるだろう。これはじつは、われわれの日常生活にいまや不可欠な存在となっている警備会社による「安全ビジネス」

の世界と構造的には同じである。多くの先進国では、すでに民間警備会社の警備員の数が警察官の数を上回っており、警察の予算を上回る規模のお金が、民間の安全ビジネス市場で動いている。日本でもさまざまなホームセキュリティ関連商品をはじめ、最近では「ライトボディーガード」などといって通学時の子どもにボディーガードをつけるサービスまで出始めている。

なぜだろうか？　本来「国民に安全を提供する」というのは国家の仕事、もっとも重要な国家の責務である。そもそも国家が国家として国民の信頼を得ているのは、まずもって国民に安全を提供するというもっとも基本的なサービスを提供してくれる、と国民が信じているからである。

しかし、民間の安全ビジネスが栄えるということは、国民が国家の提供する安全サービスだけでは安心できず、民間市場から安全サービスを買っているということを意味している。つまり「国家が国民に対して十分な安全を提供できなくなった」結果としての現象だといえるのである。

増え続ける国際犯罪や来日外国人による犯罪など、現代の脅威はすでに国家が提供する安全サービスだけでは対応しきれないほどに複雑で多様化している。単純に考えても、中国人の犯罪が急増しているのに対して、日本の警察内部だけで中国語が話せる人間が何人いるかを考えれば、現代の脅威から国民に十分な安全を提供することが、すでに国家の能力を超えてしまっているということに気づくであろう。

一国家の能力を超える「対テロ戦争」への対処

同じことは、現在アメリカを中心とする先進国が戦っている「対テロ戦争」にもあてはまる。9・11テロ事件以前に、米連邦捜査局（FBI）には数人のアラビア語翻訳家しかおらず、大量の通信傍受記録や公開情報の翻訳がまったく間に合っていなかった事実が判明しているが、いまやアラビア語の通訳や翻訳は国家安全保障にかかわる重要な職種になっており、FBIはじめ米中央情報局（CIA）や米国防総省《ペンタゴン》も民間市場から適任者をかき集めている。

アラビア語を話しイスラムの文化を理解している人材が、国家の安全保障という観点から重要になっているのだが、そうした能力を備えた人材を国家の一官僚機構の中だけで見出すのはもはや不可能である。

また、国境をやすやすと越える国際テロリスト集団に関する情報を収集したり、大量破壊兵器の国際的な闇市場を取り締まることは、すでに一国家や一政府機関の能力を超えており、国際的に各国の協力体制を強化したり、民間市場の人材やノウハウを使うことで補わなくてはならなくなっている。

さらには災害被災者救援や難民救済などの人道支援活動や、紛争後の治安維持や経済復興活動までもが、いまでは軍隊の仕事の一部になっている。このように国境を越える新しい脅威への対処や国際協力活動は、本来「国家を防衛する」ことを主任務として設計されている一国の軍隊からすれば専門外の新しい領域の任務である。つまり、このような新しい脅威や新しいミッションが急増しているのに対して、もはや国家の軍隊だけで対応することは物理的にも限界にきているといえるのだ。

イラク戦争後の安定化・復興活動を例にとろう。イラクに軍隊を派遣したのは、アメリカが十四万名、イギリスは九千名、ポーランドは二千五百名、イタリアは三千名、ウクライナは千六百名、スペインが千三百名、オーストラリアが九百名、ルーマニアが七百名、日本の自衛隊も六百名などであった。

これに対してアメリカのPMCであるブラックウォーター社は八百名、トリプル・キャノピー社は千名、ダイン・コープ・インターナショナル社も千名、イギリスのオリーブ・セキュリティ社が七百名、グローバル・リスク・インターナショナル社が千二百名、アーマー・グループ社が千六百名、コントロール・リスクス社が五百名など、PMCがイラクに派遣する元軍人たちの数は、総勢二万名を超えていた。一国家の軍隊が派遣しているのと同規模の人員を、民間企業わずか一社で派遣しているわけである。

しかもこうしたPMCの請け負う業務も、食料や武器弾薬の輸送など正規軍のロジスティックス支援、政府高官や重要施設の警備、治安機関の育成や地雷・不発弾の処理など多岐にわたっており、米軍はもはや「PMCなしに活動することは不可能」とまでいわれている。これは単に「アメリカではアウトソーシングが進んでいる」というレベルの話ではなく、これから本書で明らかにしていくように、新しい安全保障環境が要求する新しいニーズの急増という構造的な背景とも相俟って、もはや後戻りのできない、不可逆的な動きとなっているのである。

日本の中には憲法を改正して「普通の国家」となり、「普通の軍隊」をもつ国家になろうという動きがあるが、たとえ「普通の軍隊」をもったとしても、すでに世界最強の米軍がPMCなしに軍事ミッションを遂行できない状況にあるのが、安全保障の世界の現実である。これからは日本もPMCとどのように付き合い、どのように活用していくのかという問題を避けて通ることはできないだろう。

PMCはよくいわれているような「傭兵」ではない。かといってかつて冷戦時代にCIAが秘密工作を行なうために隠れ蓑として使っていたフロント企業とも違う。堂々とウェブサイトを開設し、中にはロンドン証券取引所やニューヨーク証券取引所に上場している一流企業も含まれている。そしてこのように法的にも正当な民間企業が、武装した従業員を紛争地に送り、軍事的なミッションを商売として行なっているのである。

増え続ける安全保障サービスへのニーズに対して、一国家の能力だけで対応できる時代はすでに終わったといえる。そしてこの世界の新しい安全保障環境の中で、「彼ら」

すなわちＰＭＣの市場が猛烈な勢いで発展している。もちろんそこでは、戦争で培った能力や技能を商業的に活かそうと商魂たくましく蠢《うごめ》くユニークな連中がいる。彼らはたいてい軍のエリート部隊や特殊部隊、情報機関で長いあいだ実績を積んだ「安全提供」「リスク管理」「危機管理」のプロフェッショナルたちである。

本書はこうしたプロフェッショナルたちの、じつに不思議でダイナミックでグローバルなビッグビジネスに関するドキュメントである。世界の隅々に至るまで、危険のあるところはすべて彼らのビジネスの領域である。

お金で買える究極の世界ともいえる安全保障サービスは、いったいどこまで進化し、そしてこれからどこに向かって進んでいくのだろうか。これから読者をエキサイティングなＰＭＣの世界へお連れしよう。

第1章

襲撃された日本人

イラクで拘束された日本人「安全コンサルタント」

二〇〇五年五月十日、ハート・セキュリティ社という無名の英国企業から、日本の外務省にショッキングな知らせが入った。「当社イラク支店でコンサルタントをつとめる日本人、斎藤昭彦さんがイラクの武装勢力に拘束された」という内容であった。このとき、外務省内に「ハート・セキュリティ」という会社の名前を聞いたことのあるものはほとんどいなかったが、外務省は米軍関係者などからも情報を収集して、以下の事実を確認した。

ハート・セキュリティ社イラク支店でコンサルタントをつとめる邦人、斎藤昭彦氏（四十四歳）がイラクで行方不明になった。五月八日、同氏を含むハート・セキュリティ社関係者は、イラクの西部に所在するアル・アサドの米軍基地まで物資を運ぶ車両の警護を行ない、同米軍基地に到着。同日午後、斎藤氏ら十数人のハート・セキュリティ社関係者は、同基地を出発して帰路についたが、夕刻、そこから四〇キロほど離れたヒート近郊において車列が待ち伏せ攻撃を受けた。ハート社によると「爆発物やロケット弾、機関銃、小火器を使用するなど十分に計画され、手の込んだ襲撃」だった。

一方、インターネット上において、五月九日付「アンサール・アル・スンナ軍事部門」名で、以下のような声明とともに、斎藤昭彦氏の旅券や身分証明書が掲載された。

「アサド米軍基地から建設関係者および西側の情報関係者数台の車が出発するとの情報を得た後、ムジャーヒディーンはヒート近郊で攻撃を仕掛け、十二人のイラク人と五人の外国人を拘束し、日本国籍の一人を除き殺害した。この日本人は重傷を負っている」

　またこの襲撃を受けたグループの中には生存者もおり、その目撃情報によれば、斎藤氏は襲撃を受けた際にかなりの傷を負った、とハート社は発表した。このニュースが報じられたとき、多くの日本人は驚き、戸惑い、首をひねったにちがいない。「イギリスの会社に雇われた日本人が、イラクで安全コンサルタント?」

　斎藤さんは陸上自衛隊に一九七九年から二年間在籍していた過去をもつ。『朝日新聞』が報じたところによれば、同氏は七九年一月に陸上自衛隊に入隊し、八一年一月に任期満了で退職。自衛隊では第六普通科連隊(北海道)に配属され、退職時には、第一空挺団普通科群第二中隊に所属し、いずれの部隊でも小銃手をつとめていた。斎藤さんは自衛隊を辞めた後フランスに渡り、二十一年間にわたって同国の外国人部隊に勤務した。小隊長もつとめ、中東やアフリカなどで実戦を経験したという。

　この後外国人部隊を辞めた詳しい経緯等については不明だが、二〇〇四年のある時期に、斎藤さんはイラクでの職を求めてフランスの民間軍事企業EHCグループ社に接触した。

「斎藤さんくらい実績があればイラクで相当稼げるからね。誰だって行きたがるよ」と当時斎藤さんから直接電話を受けた同社の幹部フィリップ・ムーリエ氏はこともなげに述べた。ムーリエ氏も外国人部隊に所属した経験があり、二十年以上この部隊にい続けた斎藤さんの実力を高く評価していた。ＥＨＣグループ社は英ハート・セキュリティ社と戦略提携をしており、フランス外国人部隊出身者を中心として五百名の精鋭たちのリストをもち、アフリカを中心にセキュリティ業務を展開している。

「われわれは米国防総省と直接契約はできなかったから、提携関係にあるハート社に彼を紹介したのだよ。この業界ではよくあることだ」とムーリエ氏は述べた。

こうしてハート・セキュリティ社に職を得た斎藤氏は、二〇〇四年十二月に「安全コンサルタント」として、運命の地イラクに渡ったのだった。「安全コンサルタント」といえば聞こえはいいが、斎藤さんは米国防総省から銃の携行許可を受け、小銃で武装し、テロ、誘拐、殺人の危険に満ちたイラク中部の「スンニ・トライアングル」で、米軍向け輸送物資の護送というきわめて危険度の高い業務についたのである。

この斎藤氏のドラマティックな生き様はメディアに格好の餌を与えたが、ここで同様に一躍脚光を浴びたのが、ハート・セキュリティ社のような民間軍事会社（ＰＭＣ）と呼ばれる存在だった。

ハート・セキュリティ社幹部の証言

ハート・セキュリティ社は一九九九年七月に設立され、民間企業や政府機関に対し誘拐や海賊行為やテロリズムなどへの危機管理を指導する私企業である。本社はキプロスで、ロンドン、モスクワ、ニューヨーク、ワシントン、バグダッドのほか、クウェート、メキシコ、シンガポールにも支社をもつ。事実上の本社機能はロンドンが担っている。

同社は英軍最強といわれる陸軍特殊部隊「特殊空挺部隊（SAS）」の元将校らが組織しているとされる。同社のウェブサイトによれば、ハート社はイラクで送電線を約三一五〇キロにわたって警備したほか、千五百人のイラク治安部隊の訓練や、イラク軍兵士の採用業務なども実施したという。二〇〇五年一月のイラク国民議会選挙では、米軍などと協力して投票所の警備など治安の確保にもあたったという。またイラクやスーダンなどで英国放送協会（BBC）の記者に専属マネージャーを張りつかせて安全確保につとめるほか、世界食糧計画（WFP）の活動も支援している。

ハート・セキュリティ社は、各国に支店を開設し一見手広くビジネス展開をしているようだが、PMCの業界ではまだ中堅どころの会社である。事実上の本社機能をもつロンドン支社は、ロンドンの中心部から電車で三、四十分ほど離れた、オフィスと住居の混在したニュータウンの一角にあるオフィスビルの中にあった。「民間軍事企業」などというと、軍の基地のようなところで、GIカットをしたごつい男たちがたむろしているような印象をもつかもしれないが、ハート・セキュリティ社のオフィスも他のほとんどのPMCのそれと同様、その外見からは他の業種のオフィス、たとえば商社や出版社などと区別はつかない。

オフィスの受付には人懐っこそうな黒人の女性がおり、私の来社を訪問相手である最高執行役員のサイモン・ファルクナー氏に伝えた。といってもガラスで仕切られた役員の部屋は受付付近から丸見えで、ファルクナー氏が大きな声で電話の相手と話している様子がすぐにわかった。オフィス全体を見回してみると、あちらこちらに書類や新聞などが重ねられており、最近こちらに引っ越してきたばかりなのか、それとも短期間の仮の事務所なのではないか、と思わせるような雑然とした雰囲気が感じられた。

ファルクナー氏は電話が終わるとすぐにこちらに向かって笑顔を振り向け、「いやー、ミスター・スガワラ！　やっとお会いできましたな」と大きな身体を揺さぶりながら握手を求めてきた。日本から何度かメールでやり取りをし、面談の日時も再三変更した上でやっと決まったこともあって、このような親しみを込めた挨拶になったのだった。

「斎藤さんには大変残念なことになってしまった。わが社の名前は日本ではずいぶん悪い印象で伝わっていることでしょう」とファルクナー氏は開口一番切り出した。事件発生以来、日本のメディアから毎日のように取材の電話やファックスが寄せられていることに辟易している様子だった。

「日本のマスコミが欲求不満になるのも無理はない。情報が少なすぎる。なぜもっと情報を公開しないのか」と質問してみると、「いや、われわれもわかっていることはすべてウェブサイト上で公開している。あれ以上のことはわからないのだ」とファルクナー氏は答えた。そして「じつはいま、わが社の取締役の一人が日本に行って斎藤さんのご家族に事情を説明し、哀悼の意を伝えているところだ」と教えてくれた。

「なぜ彼が死んだと断定できるのか。確たる証拠があるのか」と尋ねると、「われわれには目撃情報があるのだ。米軍もイラク政府もこの情報が正確だと判断している。残念ながら斎藤さんが生存している可能性はない」とファルクナー氏は答えた。

「死体が発見されたとしてそれを確認する方法は？　彼のDNA情報は保管しているのか？」と畳みかけるように尋ねたが、「いや、ここで保管してはいないが、必要になればすぐに入手は可能だ」と答えた。

「ところで本題に入りましょうか」とファルクナー氏は話を変えてきた。私は斎藤さんの取材という理由でインタビューを申し込んだわけではなかったので（もしそうであればインタビューは受けてくれなかったであろう）、この話はここで打ち切らざるをえなかった。

犠牲者を出しすぎている会社

ハート社訪問の目的は同社の全般的な能力やサービス内容を知ることであった。ファルクナー氏によると、同社の売り上げは一億ドル(約百二十億円)を超えており、世界中に約二千名の従業員がいるとのことだった。同社はもともとイギリスのPMCの老舗ディフェンス・システムズ・リミテッド(DSL)社の幹部たちが立ち上げた会社で、イギリス軍の特殊部隊出身者を多く集め、その幅広い能力と知識を活用してビジネスを展開しているという。

同社の業務は「コンサルティング」「ソリューション」「安全訓練」、そして「二十四時間緊急対応」の四つに大きく分かれている。「コンサルティング」には、企業や政府向けにさまざまな安全評価や安全計画を策定したり、危機管理計画を策定することなどが含まれており、「ソリューション」とは、危険地域で要人向けのボディーガードを提供したり、施設や物資の警備のために人を派遣するような業務である。また「安全訓練」には一般企業人向けの安全管理訓練から、税関・国境警備隊のようなプロ向けの特殊訓練などまで含まれており、最後の「二十四時間緊急対応」とは誘拐時の人質解放交渉や、国外でクーデターや暴動が起きたときの緊急避難や国外退去の手配などのサービスを意味するという。

「それからわれわれはセキュリティ業界では珍しく、海事安全サービスの分野でも強いのだ」と同氏は続けて海事安全サービスについての説明をはじめた。聞くところによると、同社の海事チームは英海軍、英海兵隊、英海軍特殊舟艇部隊(SBS)などの出身者によって構成されており、海事安全保障関連の各種の訓練を海運会社や沿岸警備隊等に提供し、港湾施設の安全管理に関するコンサルティングサービスも提供しているのだという。

「日本財団は海事安全問題には積極的に活動しておりますな」。私の所属する東京財団が日本財団系列であることを知っていたらしく、ファルクナー氏は自社の海事安全サービスを売り込みたかったようだ。私のために特別に用意された同社のパンフレットには、海事安全関連の同社の実績が細かく記されていた。

「わが社のポリシーは、プロの国際的な専門技能と優秀なローカルスタッフの現場の経験をミックスさせた質の高いサービスです」とファルクナー氏は誇らしげに語る。その具体例として最近のイラクでの送電線修復事業におけるハート社の仕事ぶりを紹介した。それによると同社のイラクビジネスは、二〇〇三年の九月に、アメリカの建設会社ペリニ社が米陸軍工兵隊からバグダッドおよびイラク南部の電力復旧プロジェクトを受注したときにはじまったという。ペリニ社はハート・セキュリティ社をこのプロジェクトのセキュリティ担当企業に選定したのである。

ペリニ社はアメリカ・マサチューセッツ州に一世紀前に誕生した建設会社の老舗で、橋や高速道路から地下鉄に空港、カジノやホテルから病院、刑務所まであらゆる建造物を手がける巨大企業であり、米軍向けにもさまざまな施設を建設してきた。二〇〇三年四月には米中央軍向けにさまざまな物資やサービスを提供する契約を獲得し、アフガニスタンでは新生アフガン国軍向けの施設を建設するなど、対テロ戦争ビジネスでも大いに活躍していた。

このイラクの送電線修復事業でペリニ社は、二〇〇四年九月までに六五〇キロにおよぶ電線網を再構築し、三カ所の発電所、十五カ所の変電所を修復させた。これに対してハート社は、二百名の国際スタッフすなわち非イラク人スタッフと、二千五百名のイラク人現地スタッフを動員して警備にあたったという。この警備には、作業員の身辺警護から資材の輸送の際の車列警備、作業現場やスタッフの宿泊施設の警備まで含まれていた。

ハート社は現地人スタッフを雇用する過程で、現地の有力な部族と親密な関係を築き、結果としてペリニ社のスタッフには一切死傷者を出すことなくプロジェクトが完了したのだ、とファルクナー氏は胸を張った。

イラクには二〇〇五年末時点で二万人を超える民間武装警備員がおり、ハート・セキュリティ社が提供しているような要人の警護、通信インフラなど重要施設の警備、輸送車列の警護、大使館や政府関連施設、それに港や空港などの警備業務などの仕事についている。こうした業務は、国内で活動する警備保障会社の業務と重なる部分もあるが、イラクのようなリスクの高い紛争地域における警備・警護業務は、国内のオフィスビルの警備や、道路工事の雑踏警備とは比較にならないリスクがあり、それを遂行する上での特殊な軍事的技能が要求される。それゆえこの種の業務は多くの場合、特殊部隊など軍隊のエリート部隊出身者が担うことが多く、ＰＭＣが提供する定番サービスの一つとなっている。

ちなみにイラクやアフガニスタンのような極度に治安の悪い国では武装して警備にあたることが多いが、ＰＭＣは原則としてその国の法律で定められた範囲内での武器しか携帯できないため、たいていは非武装での警備・警護が中心となる。

ハート・セキュリティ社は、現代のＰＭＣが扱う平均的なサービスを網羅的に提供しているが、いずれの分野においても他社に抜きん出ているというわけではない。世界で二千名の従業員を動かしているにしては、ロンドン支社のスタッフの数が少なすぎるのが気にかかった。

同じくイギリスのＰＭＣであるルビコン・インターナショナル社のジョン・デイビッドソン社長と話していたときのことだ。ハート社の斎藤さんの事件に話が移ると、同社長は「斎藤さんの事件が起きた後も、ハート社の車列警護チームはイラクでたびたびやられて数十人単位で警備員を失っている。ちょっとあそこは死傷者を出しすぎている。安全計画の立て方に何か問題があるのではないか」と述べていた。

オフィスの雑然とした雰囲気と、「杜撰な安全計画」というこのデイビッドソン社長の指摘がオーバーラップして、ハート・セキュリティ社の現在の状況を物語っているように思えた。空前のPMCバブルをつくり出しているイラクで、同社も能力以上に手を広げ、オペレーションの細部にまで手が回っていなかったのではないか、との疑問が湧いたのである。

またデイビッドソン社長は、ハート社がこの時点では復興運営センター（ROC）という連合軍とPMCの調整機構に加盟していなかったことを明らかにした。ROCとは、イラクにおけるPMCと米軍を中心とする連合軍が、状況認識を共有できるようにするために、軍とPMCの合弁事業として設立された調整機構である。

ROCは両者の調整を促進させる活動として、イラクで活動するPMCにイラク全土の治安情報を毎日提供している。ここが発行する『イラク・デイリー・セキュリティ』と題するレポートは、A4判で十五〜二十頁相当のもので、イラク全土の治安情勢や直近の事件等を地域ごとに網羅し、事件の発生した場所、武装勢力の攻撃の手法やその傾向、危険度に従ってルートが色分けされた詳細な地図が掲載されており、PMCにとっては貴重な治安情報源となっている。

ハート社がROCに加盟していなかったということは、つまり同社はこうした最新の治安情報をもっていなかった可能性が高いのだ。またROCは、個別のPMCの要請に応じて特定地域や施設、ルートの脅威・リスク評価なども提供しており、万が一武装勢力の待ち伏せなどに遭って軍の助けが必要なときには、連合軍の緊急対応部隊や医療部隊の派遣を要請する「イラクにおけるＰＭＣのための一一〇番」の役割も果たしている。

さらに、ＲＯＣに加盟しているＰＭＣの車両には、全地球測位システム（ＧＰＳ）のついた自動送受信機が設置されており、ＲＯＣのセンターで常時ＰＭＣの車両がどこにいるかが監視《トラッキング》されている。異常が発生した際には車両に搭載されているＰＣを通じて「パニック・ボタン」と呼ばれる緊急連絡ボタンを押せば、すぐにＲＯＣのセンターに通知され、そこから軍の緊急対応部隊の派遣要請など、緊急の対応が迅速にできる仕組みができていたのである。

このＲＯＣへの加盟は強制ではないため、加盟していないから即悪いとはいえないのだが、ハート社の事故が多い一因には、こうした他企業や軍との調整機構への消極的な取り組み姿勢が背景にあったのかもしれない（ちなみに同社は二〇〇六年末時点ではＲＯＣに加盟をすませており、イラク内務省にも登録をして、軍や他企業との協力姿勢をとっている）。

また別のＰＭＣ関係者は「あのような完璧な待ち伏せを食ったのは、内部の情報が武装勢力側に漏れていたからだ」と分析する。たしかにアンサール・アル・スンナ軍事部門のウェブサイトでの声明は、「アサド米軍基地から建設関係者および西側の情報関係者数台の車が出発するとの情報を得た」後に襲撃を準備したとなっていた。ハート社が雇っていたイラク人の中に、この武装勢力への内通者がいて情報が漏れていた可能性も十分に考えられるのである。

ゲリラと犯罪組織のおぞましい共同ビジネス

さらに、ハート社が斎藤さんの状況を公開できないもう一つ別の理由があることを耳にした。前述したEHCグループ社のフィリップ・ムーリエ氏と夕食を共にしている席上でのことだ。ムーリエ氏はワインのほろ酔いで口が軽くなったせいか、驚くべき話を口にした。「じつはハート社はすでに斎藤さんを「殺害」した武装勢力から接触を受けている」と言うのだった。武装勢力は斎藤さんを殺害した後、ハート社に対して斎藤さんの遺体を売りたいと連絡してきたというのである。

「私が聞いた時点ではその価格は八万ドル（約九百六十万円）だ」とムーリエ氏は衝撃的な情報を生々しい金額とともに明らかにした。

「なんだ？　ファルクナーは君にそのことを言わなかったのか？　最近のイラクのテロリスト連中のやり方を。やつらは人質をとるなんて面倒なことはしない。殺した後に死体を売るビジネスをはじめたんだよ。殺されたほうの家族は死体がないと生命保険を受けとれないだろう。だから高額を支払っても死体を買い戻すはずだとやつらは踏んでいるんだ。汚い連中だよ」

「それでハート社側はどうしたのだ？」と私が尋ねると、「もちろんそんな要求は呑めないから断った。テロリストに報酬を与えるだけだからな」と彼は不快そうな顔をして答えた。

「でも、なんでそんなことを知っているのだ？」と確認するために聞くと、「私が斎藤さんを彼らに紹介したからだ。私には知る権利があるんだよ」と同氏は答えた。この後ファルクナー氏に確認のためメールを送ったが、「そんな話はまったく聞いたことがない」と真っ向から否定する返事が返ってきた。

背筋が寒くなるようなおぞましい話だが、当時のイラクならこのようなことが起きてもまったく不思議ではない状況だったことだけはたしかだ。アメリカの政治雑誌『ナショナル・インタレスト』の二〇〇五年秋号が、「武装反乱というビジネス」という題の論文を掲載し、いかにイラクの反乱武装勢力が、闘争資金獲得のために誘拐、麻薬取引、不法資金洗浄などの犯罪行為に手を染め、テロ・ゲリラ活動を続ける武装勢力と犯罪組織が結託しているかを詳述している。

この論文は結論部分で「つまり、単なる犯罪者集団が、反乱武装勢力と手を取り合って一列に並んでいるのだ。反乱勢力は高尚な政治的要求を掲げて人質の処刑に手を染めているが、彼らのこうした行為はイラクの一般社会における誘拐経済に拍車をかけている。この二つのグループはさまざまな方法でお互いを満足させているようだ。武装組織は人質の誘拐を犯罪組織のギャングどもに「外注」し、一方のギャング連中は機会さえあれば勝手に誘拐を働き、人質を武装勢力に売り渡している」と記している。誘拐を行なう犯罪組織が武装勢力と手を結び、誘拐ビジネスに拍車がかかっているというのである。

さらにこの論文は「武装勢力にとって誘拐はとりわけ魅力的なビジネスである」と続けている。というのも「これは彼らのゲリラ闘争資金を確保するための手っ取り早い方法であるだけでなく、彼らの政治的主張を大きな意味で正当化する環境づくりにも役立つからである。なぜなら誘拐事件が止まらないことで、国民は「現政府が国の安定化を達成することができない」「アメリカも安全を提供することができない」と思うようになり、現政府やアメリカに対する不満を拡大させるからである」。

「安全コンサルタント」としてイラクの戦場ビジネスに従事した斎藤さんは、武装勢力の誘拐・殺人ビジネスの犠牲者となっていたのかもしれない。ファルクナー氏が、斎藤さんの安否に関して明確な証拠を提示できない理由には、このような背景があったのかもしれない。

斎藤さん拘束事件の真相は、戦場が生む非情なブラックビジネスの闇の奥深くに隠されたままである。

第2章

戦場の仕事人たち

アメリカ民間軍事会社最大手のＭＰＲＩ社

アメリカの首都ワシントンＤＣの中心部から車で約四十分。ヴァージニア州北部のアレクサンドリアにある小さなオフィスビルに、その会社は他の会社に埋もれるようにひっそりと本社を構えていた。米民間軍事会社（ＰＭＣ）の最大手といわれ、この業界を代表する存在の一つ、ＭＰＲＩ（Military Professional Resources Inc.）社である。

私の取材に応じてくれたのは、同社のヴァイス・プレジデントでスポークスマン的存在のハリー・Ｅ・ソイスター元中将であった。かつては米国防総省の国防情報局（ＤＩＡ）で局長をつとめたというから、目つきの鋭い無口な情報マンと勝手に想像していたが、私の前に現われた白髪のジェントルマンは、軍人色のまったくない温厚なビジネスマンだった。

「ＰＭＣ、ＰＭＣというが、そんな法的な分類はないのだよ」。私がさも当然のように「ＰＭＣ」という言葉を使うので少し気にかかったのだろう。ソイスター元中将は「メディアが勝手にわが社をＰＭＣと呼ぶが、われわれ自身は一度もそのような名称で呼んだことはない」と付け加えた。

もっともな指摘だ。「ＰＭＣ」には国際的に統一された定義があるわけではなく、単にジャーナリストや研究者が便宜上このような呼称を用いているだけである。たとえば日本の警備会社であれば、警備業法にもとづいて国家公安委員会から「警備会社」としての認可を受けた会社がそれに該当するが、「PMC」を規定する法的根拠や制度があるわけではない。「PMC」と呼ばれている会社の多くは、「わが社はPMCではない」と否定するのが普通である。

たとえば前章で登場したハート・セキュリティ社は自社を「民間セキュリティ会社」であると称し、中には「リスク・コンサルティング会社」と自社を位置づけている会社もある。どの会社も「民間軍事会社」などといわれると企業イメージが悪くなるため、極力そのように呼ばれることを避けようとする。「軍事」で商売していると思われるとどうしても「武器商人」や「傭兵」といった悪いイメージで見られがちであるため、そのように誤解されることを避けるためである。

私はそもそも「軍事」にネガティブなイメージをもっていないので、この呼称を使うことでこの業界にマイナスのイメージを与える意図はなく、PMCのことを「かつて国家の軍隊だけが行なっていた業務や、紛争地・危険地域などリスクの高い地域における安全関連のサービスを商業的に行なっている企業」、もっと簡単にいってしまえば、「軍隊で軍人が培った専門的な知識や技能を使って商売をしている企業」と大雑把に定義している。

この業界の生き字引的な存在であるソイスター元中将は、「多くの学者やジャーナリストたちはわれわれのような企業を特殊で特別な存在のように考えているようだが、そんなに新しい存在ではない。昔からあった業種なのだ」と言って、この業界の歴史とその変遷について、MPRI社自身の歴史も交えて語ってくれた。

「現在の国防総省の民間委託に直結する流れができたのはベトナム戦争だ。当時兵員繰りが限界まで逼迫する中で、軍は後方業務の一部にどんどん民間の業者を入れていった。基地の運営や清掃、洗濯、衛生施設の設営や防御工事などの仕事は、パシフィック・アーキテクツ・アンド・エンジニアーズ（PAE）社のような民間にやらせるようになったし、フォークリフトの操縦だとか航空機の修理・整備などの非軍事分野は民間に委託するようになった。こうした非軍事分野なら民間でもできるという認識が軍の中でこのころから出てきていたし、どこまでなら民間に任せることができるのか、このころから実験を重ねてきている」と元中将は言う。

しかし決定的に民間委託が進んだのは冷戦が終わってからのことだ。冷戦終結による軍の縮小が直接の原因だという。

「米ソ冷戦が終結すると、世界各地で小規模な紛争が続発し、核戦争の脅威に代わって民族紛争や国境紛争が新たな脅威として登場した。しかしそれにもかかわらず、米陸軍は冷戦時の七十九万人体制から一気に四十八万人体制へと大幅に人員を削減した。ここまで削られると、実際に陸軍のマンパワーだけでは新しい事態に対応できなくなった」

とソイスター元中将は率直に証言している。

「そこでそれまでは非軍事の分野に限られていた民間の参入を、軍事分野であっても直接戦闘と関係しない分野には認めざるをえなくなっていったのだ。全盛期には陸軍十六個師団もあったのがいまではわずか十個師団しかない。全盛期にまかなえたことすべてをこの少ないマンパワーでこなすのは不可能だ。しかも軍の任務は新たな脅威の登場とともに実際には増えたのだから」

冷戦後に業界が急成長したのはなぜか

ソイスター元中将の説明にあるように、冷戦後に世界の安全保障をめぐる環境が変わったことと、米政府をはじめ先進諸国が軍隊を大規模に縮小したことが、ＰＭＣ発展の直接の原因である。

冷戦の終結、すなわち半世紀以上にわたり文字通り世界を二分していたアメリカとソ連の歴史的な対立の終焉が意味したのは、「力の空白」による世界の不安定化だった。冷戦時代には、米ソ両国が競うように世界各地に介入し、お互いに対立する勢力を支援し、世界が二分化されたかたちでの秩序が形成されていた。

しかしこの冷戦秩序の崩壊とともに、米ソがバックにいて力の均衡を保っていたために抑制されていた対立や争いが一気に表面化し、民族紛争や国境紛争などの紛争が多発する結果を招いた。つまり、それまでは大国の支援があったから鎮圧することのできた反政府活動を抑えることができなくなる国が登場したり、米ソ二大国によって抑制されていた独立への願望が一気に爆発して独立運動が激化する国が出るなど、対立・紛争が世界中で増加したのである。

また東西の壁がなくなったことで、新たなグローバル化の波が起こり、資本や人の国境を越えた往来が激しくなったが、それにともない国際的な組織犯罪もグローバル化を急速に進め、東欧やロシア・マフィアの脅威が世界に広がり、国際テロリストの脅威も増大した。つまり新たな脅威が増大したわけである。

しかしその一方で、ソイスター元中将が指摘しているように、冷戦の終結により世界中の軍隊が縮小化の方向へ進み、一九九〇年代だけで世界中の軍隊で六百万人もの職が失われた。その結果、軍事的技能を身につけた膨大な数の個人が民間市場に流れ、安全ビジネス関連の企業に吸収されたり、元軍人たちによる新たな会社設立の動きにも拍車がかかったのである。こうして冷戦後にＰＭＣ業界が発展していったのである。

バルカン紛争での功績

ＭＰＲＩ社もこのような流れの中で、冷戦末期の一九八七年に誕生した。同社は、元陸軍参謀総長で湾岸戦争とパナマ侵攻作戦を指揮したカール・Ｅ・ヴォノ将軍、元在欧米陸軍司令官クロスビー・E・セイント将軍、元陸軍副参謀総長ロン・グリフィス将軍などの錚々たる退役将軍たちを首脳に抱え、「将軍の人口密度は国防総省より高い」といわれる元米陸軍エリートの集まりである。

同社のウェブサイトによれば、「MPRIの使命は、最高のクオリティの教育、訓練、組織的な専門知識と世界中の指導者育成」であり、軍事訓練や戦術・ドクトリンの開発、シミュレーションやウォーゲームの開発や実施、装備の実地訓練、民主化移行のための支援、平和維持活動や人道復興支援、反テロリズム支援など幅広い軍事サービスを提供している。同社は多くのPMCが提供している要人警護や施設警備といったセキュリティ業務は行なっておらず、より戦略的な軍事コンサルティング・サービスに特化しているところがその最大の特徴である。

同社はまたアメリカ政府との緊密な関係を「売り」にしており、米陸軍の最高レベルの元高官たちを多数スタッフとして抱えているという強みをもっている。二〇〇〇年七月以降は米大手防衛企業L-3コミュニケーションズ社の子会社となり、現在八百名のMPRIの契約者たちが世界の現場で活躍しているという。クライアントから受ける具体的な仕事内容に応じて、その任務に適した人材を一万二千五百人ともいわれる陸軍出身者の膨大なデータベースを使って選抜し派遣している。

MPRIが最初に国際的な注目を浴びるようになったのは、九〇年代前半にバルカン半島で起きた戦争においてだった。一九九四年、ＭＰＲＩは国連のセルビアへの経済制裁を監視するため、セルビアとボスニアとの国境沿いに四十五名の元軍人たちを派遣する契約を米国務省と結んだ。

ボスニアのセルビア人地域にセルビア本国から物資が運ばれているとの批判を受けた当時のミロシェビッチ・セルビア大統領が、「そんなことはない、だったら監視をおいて自分たちで確かめればよい」と要求したことから発生した任務で、「当初米陸軍に誰かを派遣するよう要請があったが、陸軍が断ったためＭＰＲＩにこの仕事が回ってきたのだ」とソイスター元中将は言う。当初二週間だったこの任務は、結局十八カ月間に及んだのだった。さまざまな理由から正規軍が「やりたくない仕事」をＰＭＣが請け負うことがあるわけだ。

これに続いて一九九四年、ＭＰＲＩはユーゴスラビア連邦からの独立を宣言してまもないクロアチアで大きなビジネスのチャンスをつかんだ。クロアチアは一九九一年六月にユーゴからの独立を宣言し、九二年には国際社会からの承認を少しずつ得て時のツジマン大統領がクロアチア国軍の創設に着手していた。

しかし基本的には民兵組織をもとにした寄せ集め軍隊は、プロの組織としての編制とは遠くかけ離れており、指導者層の組織能力や指導力も限られていた。しかも一九九一年の国連経済制裁決議により、ユーゴ紛争のいかなる当事者に対しても武器輸出が禁じられていたため、クロアチア軍はまともな装備すらもっていなかった。「この軍隊ではクロアチア系セルビア人住民の反乱を鎮圧して、自国の領土を解放するために必要な攻勢作戦などできはしないだろう」と当時ある軍事アナリストはクロアチア軍を評してコメントした。このような状況下で、クロアチア政府はＭＰＲＩに助けを求めたのである。

一九九四年三月、クロアチアの国防相は米国防総省に書簡を送り、外交的な用語で表現すれば、「ＭＰＲＩとのあいだで軍民関係に関する訓練を受ける許可を求めた」という。もちろんこの実際の意味は、「クロアチア軍を旧東側のモスクワ・ベオグラード型軍隊から、アメリカをモデルとした軍隊へ再編する」というものだった。クロアチア政府とＭＰＲＩは同年九月に契約に正式に調印し、十二月には国務省がこの契約を認可した。そしてＭＰＲＩのメンバーが実際にクロアチアを訪れる数日前には、国防総省高官からブリーフィングがあり、その後もこのプロジェクトの進行状況は国防総省に逐一報告されたという。

このとき契約した内容は二つ。一つは長期にわたるマネージメントの改善に関する契約で、クロアチア政府が長期的に戦略的な能力のある国防省をつくるためのアドバイスをするというものであり、もう一つはクロアチア軍の将校たちに軍事教育や訓練を提供し、クロアチアの「民主化移行を支援する」という契約であった。

「民主化移行支援プログラム（DTAP）」と名づけられたこのクロアチア政府との契約は、クロアチア軍の近代化・民主化を支援し、軍隊の組織・編制を再編し、同国が将来NATOに加盟できるようにする、すなわちアメリカの長期的な同盟国にすることを支援するのがその狙いであった。

MPRIは十五名の退役陸軍少将たちからなるチームをクロアチアに派遣し、十四週間の集中講座と訓練を行なった。週五日、一日八時間のプログラムは、身体的な訓練から、教官育成訓練、兵站《へいたん》教育、国際軍法に関する教育、リーダーシップ論、軍隊の管理・マネージメントのための教育など十一科目から成り立っており、米陸軍で行なわれていた内容をそっくりコピーした内容だったという。

このMPRIの契約は、米政府との緊密な調整の下でなされていたことからも明らかなように、米政府の方針と合致していただけでなく、MPRIという民間企業が米政府に代わって行なった軍事支援であった。米政府はクロアチアやボスニアの軍事能力を向上させることにより、セルビアとの勢力均衡をつくりたいと思っていたが、前述した一九九一年の国連経済制裁決議により、旧ユーゴ内のいかなる勢力に対しても、武器や軍事訓練、アドバイスなどを与えることが禁じられていたため、クロアチアやボスニアへの公然たる軍事支援ができなかった。そこでMPRIという民間企業に仕事が委託されたのである。政府が公然とできないことを、民間企業を通じて行なったわけである。

ＭＰＲＩがクロアチアに到着したころ、同国の領土の約三〇パーセントがセルビア軍の支配下にあったのだが、ＭＰＲＩがクロアチア軍に協力しはじめたのとほとんど時を同じくして、クロアチアが領土の奪回に次々と成功しはじめる。一九九五年五月にはザグレブの南西部を取り返し、続いて西スラボニアの一部も奪回した。そして一九九五年八月にはクライナ地方を奪回するため、クロアチア軍は有名な「嵐作戦」を敢行。この作戦はそれまでになく洗練された攻撃で、わずか一週間でセルビアの防衛を崩壊させ、クライナ地方を取り返してしまった。

この作戦は典型的なＮＡＴＯ式の軍事作戦だったため、ＭＰＲＩが背後で糸を引いたのではないかとの憶測を広めた。

「ＭＰＲＩの傭兵たちが密かに戦闘に参加していた」などという噂も一部メディアで報じられていたが、「たかだか十五名の退役軍人で何ができようか」とソイスター元中将はこれを否定し、「具体的な軍事作戦の計画策定には一切関わっていない」と断言した。

私が取材をしたクロアチア陸軍の元将軍は、「ＭＰＲＩがやったのは教室内での講義だけで戦闘にはもちろん参加していない」と述べており、このソイスター元中将の証言を一部裏付けたが、同時に「われわれは、アメリカ人が認めたこと以外は何一つやっていない」とも述べており、同社が具体的な作戦計画の策定には関与していたことを示唆していた。クロアチア独立戦争におけるＭＰＲＩの役割の真相を知るには、後世の歴史家の仕事に待たねばならないだろう。

いずれにしても、クロアチア軍の明らかな戦力の向上が、ＭＰＲＩの名声を高め、同社の「軍事コンサルタント」としての市場価値を劇的に高めたことは間違いない。ＭＰＲＩはクロアチアに続いてボスニアでも契約を獲得することに成功したからである。

軍事訓練民営化の担い手

ボスニア政府との契約は、ボスニア戦争の停戦協定であるデイトン合意で定められた「訓練と装備プログラム」を履行することであり、具体的にはボスニア軍に対し、一定の軍事力を備えるまで軍事訓練を施し、また兵器の実地訓練も行なうというものである。このときもアメリカの正規軍はＮＡＴＯの「履行部隊」とそれに続く「安定化部隊」という別の重要な作戦への参加が決まっており、「訓練と装備プログラム」まで行なうことができなかったため、正規軍に代わり民間企業であるＭＰＲＩが任務を引き受けたのである。

このような「民主化移行支援」の枠組みで、ＭＰＲＩはニカラグア、サウジアラビア、台湾、ウクライナ、マケドニアなどの諸国にも、図上演習、軍事教育、兵器取扱いの実地訓練などのアメリカ式軍事訓練を提供し、さまざまな政治的理由からアメリカの正規軍が関与できないような国に対する軍事支援を請け負い、米政府の外交・軍事政策をある意味で肩代わりしてきたのである。

「戦場の仕事人」であるPMCの業務の一つとして、このような正規の軍隊の代行としての軍事訓練が挙げられる。とくに元米陸軍のエリートたちで構成されるMPRIは、米政府と緊密に協力しながらこの種の業務を請け負う代表的な企業である。

世界でもっともすぐれた軍隊をもつ米国、英国、仏国などのPMCは、その世界第一級の軍事的能力を売り物にする訓練サービスを世界各地で提供している。とくに冷戦終結後には、旧ソ連陣営に所属した社会主義諸国の軍隊を、ソ連型の旧式なものからNATO型の近代的な軍隊に再編させるという新たな需要が生まれたことから、この種の軍事訓練サービスを提供するPMCが増えていった。

ところが、冷戦真っ只中の一九七〇年代に、すでに「米政府の代理人」として軍事訓練を請け負う企業が存在した。ヴィネル社というPMCの「走り」ともいえる無名の米国企業である。ヴィネル社は、いったいどのような背景からそうした軍事支援業務を請け負っていたのだろうか。

アメリカ政府の代理人——ヴィネル社

ヴィネル社の創業は一九三一年となっているから、この業界の中では老舗の一つである。同社のウェブサイトによれば「ヴィネル社はアメリカをはじめ世界各国で、ビル建物の維持・管理、軍事訓練や兵站支援業務を提供する会社として、広く認められた業界のリーダーである。大恐慌時代に地味なスタートを切ったわが社は、これまでに五大陸五十カ国以上の国々で、さまざまな政府機関や民間企業のクライアント向けのプロジェクトを成功させてきた。わが社の有する専門技能、経験、そして数多くのプロジェクトを達成してきた輝かしい実績は、わが社がクライアントのニーズに効果的かつ効率的に応えることができるということをクライアントに保証するものである」と書かれている。

ヴィネル社はもともとロサンゼルス周辺を拠点とした建設会社で、初期の成長はロサンゼルスの無料高速道路フリーウェイの建設やグランド・クーリー・ダムそれにドジャー・スタジアムの建設によるものだといわれている。その後の同社の歴史については不明なところも多いが、第二次世界大戦末期にはすでに軍事ビジネスに乗り出しており、米政府の依頼を受けて共産党に追われた蔣介石軍に支援物資や燃料を供給していたことが記録されている。

また同社は、沖縄、台湾、タイ、南ベトナムやパキスタンの空軍基地建設にもかかわり、このころから米軍と密接になっていたという。ヴィネル社のこのアジアにおける冒険的事業は、同社を真にグローバルな企業として押し上げるきっかけとなり、それにつれてより深いインテリジェンスの世界に入っていったようである。

かつてＣＩＡで工作員をつとめていたウィルバー・クレーン・イブランドは、自身の回想録の中で、ヴィネル社の創業者であるアルバート・ヴィネルが「CIAのためであればどんな支援も惜しまない」姿勢を示し、実際にこの諜報員イブランドは一九六〇年代に、ヴィネル社の社員を装ってアフリカや中東で工作活動をしていた事実を明らかにしている。

またベトナム戦争は、同社が軍事および諜報の世界にさらに深くかかわる機会を提供した。ヴィネル社は米軍から数百万ドルの契約を獲得し、米軍基地の建設、輸送機の補修から軍用倉庫の管理・運営までさまざまな軍の後方支援業務を請け負い、ピーク時には総勢五千名の従業員をベトナムで抱えていたという。

そんなヴィネル社の存在を、当時の米国防総省高官は一九七五年三月号の『ビレッジ・ボイス』誌とのインタビューの中で、「ベトナムにおけるわれわれの小さな傭兵軍」と呼び、「自分たちでするにはマンパワーが足りなかったり、法的に問題があるときに、われわれは彼らを使う」と述べたこともあった。冷戦時代のPMCは、このように政府が表立ってできない汚れ仕事を密かに請け負う「秘密工作の請負人」としての色彩が濃厚であったといえるだろう。

しかし採算を度外視してベトナム事業に突っ込んでいったヴィネル社は、経営面では火の車だった。一九七〇年から七四年にかけて毎年赤字を出し続け、七五年一月には倒産寸前にまで追い込まれたという。ところがそんな愛国企業ヴィネルを救うためなのか、それともベトナム戦争への貢献に対する見返りだったのか、同年二月にヴィネル社は前代未聞の大型契約を受注して息を吹き返すことになる。

同社は米国防総省の委託を受けてサウジアラビア政府とのあいだで、サウジ国家防衛隊（SANG）を訓練するという契約を結んだのである。SANGはサウド王家を守り、サウジアラビアの油田を警備することを主たる任務としている軍隊である。当時七七〇〇万ドルといわれたこの契約の下で、ヴィネル社はベトナム戦争から帰ったばかりの約千名の元米特殊部隊員をサウジアラビアに送り込み、二万六千人のSANG隊員を鍛え上げ、さらに人員を増強して計七万人規模の治安部隊に育て上げる訓練にあてたのである。

こうした重要なミッションを一民間企業が請け負うのは不思議なようだが、アメリカが正規の軍隊を、サウド王家を守るために送ることは、両国の政治的理由から不可能であった。サウド王家の立場としては、異教徒の軍隊に守ってもらうのはイスラムの教えからも認められなかった。アメリカ側もアラブの王家のボディーガードとして軍隊を派遣するなど、国内的にも受け入れられなかったし、とりわけ米国内のユダヤ系有力者たちがそのような政策を支持する可能性はほとんどなかったからである。

そこで米政府の代わりに民間企業がその役割を請け負う、という第三の道が採られたわけである。しかしこれは「アメリカがサウジの安価な石油を獲得する代わりに、サウド王家を軍事的に支える」という両国のギブ・アンド・テイクを具体的に裏付ける戦略的な取引の一つであった。

当時の国際情勢や米・サウジ間の全般的な関係を考慮すると、このヴィネル社の契約の戦略的意味が一層明確に浮かび上がる。

じつはこの契約が結ばれた十カ月後に、ブッシュ現大統領の父親であるジョージ・ブッシュがCIAの長官に就任し、「サウジアラビア情報機関の近代化」に尽力したといわれている。このときブッシュ長官が具体的に何をやったのかについて記された公開文書はまったく存在しないが、父ブッシュ氏はこのときの働きの結果、「サウジアラビアの副大統領」と呼ばれるほど、サウジアラビア側から感謝される存在になっている。一九七五年のヴィネル・サウジ契約、七六年のブッシュCIA長官就任と続く七〇年代後半は、アメリカとサウジアラビアがあらゆる面で協力関係、同盟関係を強めていった時期であった。

ちょうどこの七〇年代には、溢れんばかりのオイルダラーを手にしたサウジアラビアがアメリカの銀行に莫大な投資をし、ヒューストンに超高層ビルを建設し、米国製の兵器を購入し、文字通りあらゆる分野への投資を開始したころだった。空中早期警戒管制機（AWACS）からエイブラムズM1戦車までありとあらゆる米国製の武器やそれに関連した設備の建設、技術支援などに莫大な金が流れ、サウジアラビアはアメリカの兵器や兵器システムの世界最大の消費国となっていた。

こうして七〇年代後半ごろから、アメリカがサウジアラビアの石油を買い、サウド王家の保護と安全を提供する代わりに、サウジアラビアはアメリカに武器、建設事業、通信システム、掘削装置を発注するという利権の構図が構築されていき、アメリカとサウジアラビアの同盟関係はあらゆるレベルで完成に近づいていった。

そして、この同盟関係を支える中核的な取引が、ヴィネル社とサウジ政府のＳＡＮＧ訓練契約だったのである。こうして両国関係は表も裏も含めて著しく強化されたのだった。

ヴィネル社はＳＡＮＧを「訓練する」というだけの契約を結んでおり、彼らの言葉を借りれば、「引き金を引くのではなく、引き金の引き方を教えるため」にいたのだが、一九七九年に反乱軍がメッカのグランド・モスクを占拠してサウジ政府の支配体制に大きな動揺を与えたとき、ヴィネルの契約者たちが、サウジ国軍等の展開する軍事作戦の調整に暗躍していたことが報告されており、「訓練」以上のことをしていたとの噂は絶えない。

こうした背景からヴィネル社は反サウド王家の勢力からは敵視されており、一九九五年十一月と、二〇〇三年五月にリヤドで起きたアルカイダのものと見られる爆弾テロでは、ヴィネル社の契約者も多数被害を受けた。同社はアメリカによるサウジ支援の象徴的存在としてテロのターゲットになっている。このヴィネル社とサウジ政府の契約は今日に至るまで継続しており、米・サウジ関係を裏で支える戦略的に重要な役割を果たしている。

このように冷戦時代のPMCのビジネスは、「政府が公然とできないことを民間企業が肩代わりする」という、政府の外交・安全保障政策の延長線的な性格が強かった。政治的に敏感な軍事支援や訓練など、政府が自国の軍隊を使えないときの最後の手段としてPMCが使われるという政治的側面が存在したのである。

人質解放交渉のプロ——コントロール・リスクス社

このような「政府の代理人」としての軍事訓練の請負業務の他に、現代のPMCの定番サービスの一つとなっているのが、「誘拐人質解放交渉サービス」である。海外で勤務する駐在員などが誘拐されたときの人質解放・身代金交渉サービスは、現在多くのPMCが「二十四時間緊急対応」業務の一つとして提供している。

この種の業務も、じつは冷戦時代にすでに行なわれていた。英国のコントロール・リスクスという会社は、この種のサービスの草分け的存在であり、PMCの先駆者的な存在でもある。

日本でも有名な同社は一九七五年に創業され、現在では百三十カ国で五千三百以上のクライアント（その中には米『フォーチュン』誌トップ百社中の八十六社が含まれる）を抱えるリスク・コンサルタントの世界最大手企業である。

同社はイギリス陸軍の特殊空挺部隊（ＳＡＳ）に所属していた二人の将校によって設立された。イギリス、アメリカの軍、情報機関、警察や政府機関出身者、学者、弁護士、会計士、ジャーナリストなど幅広いバックグラウンドのスタッフから構成され、政治・安全リスクのコンサルティング、各種調査業務から危機管理サービス、警備・警護サービスなど総合的なリスク・コンサルティングサービスを提供している。

同社はもともとイギリスの世界的な保険引受組織であるロイズ保険協会との関係が緊密で、ロイズ仲立人の老舗ホッグ・ロビンソン社が警備専門のＫＭＳ社と協力して設立した企業である。ロイズは当時、誘拐事件の続発を受けて新たに身代金支払いに対する保険という新事業に参入していたが、保険契約者が身代金の請求に対し限度額を超えた支払いを行なわないようにするため、また誘拐犯の請求する身代金の限度額をチェックし、しかも支払い額を一セントでも減らすため、「誘拐交渉人」もしくは「人質解放交渉人」という特別なコンサルタントを必要とした。

この役割を担って登場したのがコントロール・リスクス社であり、ロイズの身代金保険に加入すると自動的にコントロール・リスクス社による誘拐交渉コンサルティング・サービスが提供されるシステムができ上がったのであった。

コントロール・リスクス社はこの誘拐交渉の分野で他の追随を許さない圧倒的な経験と実績を残し、これを手始めにさまざまな分野へと活動の幅を広げていった。

SAS出身で誘拐交渉人になったマーク・ブレスは、「SASで受けた訓練や実際の工作で学んだ軍事上の原則は後年、誘拐ギャングがつくり出す一連の問題を処理する際に役立つ知識を与えてくれた。……都市部や農村部におけるさまざまな犯罪者の前歴やパターンを研究してきたし、彼らの犯罪動機や能力について相当の知識を得た」と述べ、「こうした陸軍での作業が、誘拐ギャングのライフスタイルを理解するのにひどく役立った」と記している。

では、いったい彼らは具体的にどのように人質解放交渉における「コンサルティング」を行なっているのだろうか。

若王子氏誘拐事件とコントロール・リスクス社

一九八〇年代は経済力をつけた日本がグローバルにビジネスを拡大し、その中で日本企業が海外でトラブルに巻き込まれる事件が数多く発生した時代だった。その中でもひときわインパクトの大きかった事件は、一九八六年にフィリピンで三井物産マニラ支店の若王子信行支店長が誘拐された事件であろう。若王子支店長は一九八六年十一月十五日、ゴルフからの帰宅途中に誘拐され、百三十七日間監禁された末に身代金と引き換えに解放された。この事件は当時「若王子誘拐事件」として連日マスコミに取り上げられ、日本国民全体の関心を集めた大きな事件だった。

この若王子支店長の解放交渉に一役買ったのがコントロール・リスクス社であったことは、いまでは有名な話である。当時の様子や人質解放交渉に詳しいPMC関係者等の話の断片をつなぎ合わせていくと、同社の「人質解放交渉」におけるコンサルティングとは、誘拐犯との交渉を請け負うのではなく、あくまで人質の家族や会社がどのように交渉を進めるべきかの戦略的なアドバイスをすることだったという。

「人質解放交渉サービス」などというと、交渉を代行するかのような印象を与え、中には人質救出のための軍事作戦まで請け負っているかのように勘違いしている人もいるが、彼らコンサルタントの仕事は、あくまで誘拐犯側と直接交渉をする人質の家族や会社に対して、さまざまな助言をすることである。

具体的には、彼らコンサルタントの業務は、誘拐犯側からの要求があるたびに会話の内容を録音し、その分析を行なって、誘拐犯たちが金目当てのプロなのかどうかを判断することである。犯人がプロだとわかると後は金で決着をつけることが可能なので、身代金の額を誘拐犯側の要求している額から「相場」の価格まで落とせるはずだとし、会社側として支払う最高額を設定し、そこまで相手の要求を下げるための戦略を練っていくというものである。

もちろん誘拐犯側は早く希望の額を受けとりたいため、さまざまな脅しや揺さぶりをかけてくる。そうしたときに、このようなプロのコンサルタントが、家族や会社の動揺を防ぐために客観的な助言をするのである。

若王子事件の場合、そうした揺さぶりの一つが、マスコミでも話題になった若王子さんの指切断写真である。誘拐犯は人質の家族や三井物産を脅す目的で若王子さんの指を切断したと発表し、指が切断された同氏の写真を公開したのだった。

このとき、同社のコンサルタントがどのような助言をしたのかは明らかになっていないが、こういうときこそ彼らの出番であり、過去のさまざまな事例を参考にしながら、これが単なる脅しに過ぎないのか、本当に指を切断されていたのかなど、有益な助言をしたにちがいない。

また身代金を支払うにしても、まずは人質の生存を確認するのが鉄則であり、そのために人質しか知らないことを誘拐犯に尋ねる手法がとられるという。この事件の場合、若王子さんしか知らないことを何か考えて誘拐犯側に尋ねて、同氏の安否確認がなされたはずである。

さらに、人質に対して何らかの方法で「家族や会社が懸命に救出のために努力している」ということを伝える必要がある。交渉が長期化することが予想される場合、人質を勇気づける必要があるからである。よくとられる方法としては、新聞に人質だけにわかるようなメッセージを含めた広告を掲載するというものがある。人質がどのような状態で監禁されているかはわからない。この場合、もしかすると若王子さんは新聞くらい読める環境に置かれているかもしれないとの想定の下で、新聞に若王子さんだけがわかるようなメッセージを含めた広告を掲載する、という方法である。

　このように、誘拐犯の脅しや揺さぶりに惑わされずに、人質解放、すなわち誘拐犯側との取引成立に向けた交渉を一つ一つ進めていく手助けをするのが、コントロール・リスクス社のコンサルタントの役目なのである。

　同社のコンサルティングがどの程度役に立ったのか、事件から二十年が過ぎた現在でも、この事件におけるコントロール・リスクス社の役割に関する決定的な証言は得られていない。しかし一つだけ明らかなことは、若王子氏が百三十七日という長期にわたる監禁生活の末、最後には解放されたという事実である。同社はこの事件の後、日本の「人質解放交渉」ビジネスにおいては確固たる地位を築いている。

　コントロール・リスクス社は世界中でこのような誘拐犯との交渉を手がけ、この分野では膨大な情報とノウハウの蓄積をもっている。「誘拐・身代金《キッドナップ・アンド・ランサム》サービス」とＰＭＣ業界で呼ばれるこの種のサービスは、すでに多くの企業によって提供されているが、同社はいまだにこの分野では業界をリードする存在であり続けている。

保険会社が支える民間軍事会社のコンサルティング

多くのPMCは、この「人質解放交渉サービス」を含む「安全コンサルティング」、「リスク・コンサルティング」サービスを提供している。このサービスには、紛争地や危険地域のリスクに関する見積もり・評価・分析、安全対策の計画策定や保険の手配、さらには緊急時の危機管理サービスや、クーデターや暴動などに遭遇した際の国外緊急避難の手配などが含まれる。

この種のサービスを提供するPMCは、欧米の大手保険グループと協力・提携関係にある場合が多い。実際、リスクおよび安全コンサルティングは、保険会社のバックアップがなければ成り立たない。この両者は密接に協力し合い、役割分担をすることで、利益を分け合う関係にある。

たとえばこのような例がある。Z社という石油会社が中央アフリカのある国で石油探査の事業計画を進めていたところ、その国では紛争が多発していたため、事業を行なうのに必要な保険に加入できないことがわかった。こんなときに英国の有名なC社というPMCが安全コンサルタントとして雇われる。C社は英国の有名なL社という損害保険会社と協力関係にあるから、このC社が安全コンサルタントとして加わることによって、この石油会社Z社は事業を行なうために必要な新たな保険をL社という保険会社から受けられるようになる。C社のコンサルティングとL社の保険はセットになって一つの商品になっているわけである。

またもっと面白い例を挙げると、9・11テロ事件直後の二〇〇一年十一月、アルカイダ・コネクションの巣窟といわれたパキスタンは、自国の経済に死活的に重要な港の利用にかかる保険料が急上昇したことにより経済的に苦境に立たされてしまった。国際的な保険市場に影響力のあるロイズ保険の「戦争およびリスク委員会」がこの港を「戦争リスク地域」に指定したことで、同港の保険料が大幅に上昇したことが原因であった。ロイズ保険のように市場に大きな影響力をもつ会社が「格付け」を変えたことで、保険料に影響が出てしまったわけである。

困ったパキスタン政府の高官がロイズ保険に出向き、「なんとかならないか？　このままだとわれわれの経済に大打撃だ」と相談をしたところ、ロイズは英国のルビコン・インターナショナル社というPMCを紹介した。

そしてパキスタン政府から依頼を受けたルビコン社が三週間にわたり、同港の安全度やそのインフラを調査し、地元の警察、軍やその他の治安機関や政府機関との協議の末、同港にはどのような脅威があり、攻撃による損害はどのようなものになるかに関する詳細なレポートを作成し、改善すべき点を提示した。そしてパキスタン政府が速やかに指摘された点の改善に着手すると、すぐに保険料は大幅に低下した。

ルビコン社の社長ジョン・デイビッドソン氏は、「ロイズ保険との関係が深いわれわれがコンサルタントとしてかかわったことで、ロイズは安心して市場に好意的な影響力を行使したのだ」と述べていた。ちなみにルビコン社はロイズ保険の「戦争およびリスク委員会」のメンバーの一社であり、そもそもパキスタンの港を「戦争リスク地域」に指定する決定を下した張本人だった。

この例などは保険会社とPMCがグルになった陰謀のようにもとれるが、世界の保険市場に影響を与える力をもつ大手保険会社との協力関係は、欧米PMCがリスクおよび安全コンサルティング業務を展開する上での大きなアドバンテージなのである。

戦闘まで請け負うエグゼクティブ・アウトカムズ社

PMCの業務の中でもっとも論争の種になるのが、直接的な軍事戦闘サービスである。実際に敵との戦闘が行なわれる交戦地帯を最前線として、その交戦地帯に近い「前線」とそこから遠く離れた「後方」という空間概念でPMCの業務をとらえてみると、PMCの主な活動は「後方」でなされるのが大半だ。

軍事基地や政府系施設の警備、そこに運び込まれる物資の護送、そこで働く政府の要人たちの警護、警備に携わる警備員や兵士たちの訓練などはすべて「後方」地域でなされるものであり、「前線」における敵との戦闘は正規軍の任務であり、この軍の中核業務である攻勢作戦を民間委託するということは、先進国の軍隊の場合まずありえない。

しかし自国の正規軍が機能していない途上国の弱体国家や破綻国家の場合、敵との直接戦闘を含めて「前線」から「後方」まですべてを民間企業に委託してしまうことがある。こうした例はとりわけアフリカの内戦において見られ、実際にアンゴラやシエラレオネの内戦においては、南アフリカのＰＭＣ、エグゼクティブ・アウトカムズ（ＥＯ）社が戦況に大きな影響を与えたことで有名である。

ＥＯの働きについてはすでに多くの著作や論文が発表されており、邦訳されたものではＰ・Ｗ・シンガーの『戦争請負会社』が有名である。またＮＨＫスペシャル「紛争ビジネス」でも同社の活動が紹介されているので、ここではその概要を述べるにとどめておく。

ＥＯは一九八九年に軍事専門技能を販売する民間のセキュリティ・グループとして、英国と南アの両国で登記された。具体的に提供するサービスは、武装戦闘、戦闘戦略、極秘軍事訓練、特殊作戦、飛行監視、装備強化、医療支援、射撃《スナイパー》訓練などの戦争の技術である。

ＥＯの創設者は南アの旧アパルトヘイト体制下で南ア国防軍第三十二大隊の副指揮官をつとめたイーベン・バーロウである。バーロウはその後、軍の諜報機関である市民協力局（ＣＣＢ）の職員として南アの白人支配に抵抗する敵を排除する秘密工作に従事し、西ヨーロッパで最大の黒人反政府組織アフリカ民族会議（ANC）のネルソン・マンデラを貶める目的で、彼に関する偽情報を流したり、南ア製の武器を海外で販売する窓口役をつとめた。バーロウはほとんどのEOの社員を、当時反乱鎮圧部隊として恐れられた第三十二大隊の出身者からリクルートしたといわれている。

同社の最初の大きな仕事は、アフリカ第二の産油国でダイアモンドの主要産地でもあり、この豊富な資源ゆえに植民地時代から大国の干渉を受け続け、三十年以上戦乱に明け暮れた国、アンゴラの政府を助けることだった。

アンゴラ内戦への「参戦」

アンゴラの内戦を長期化させていた原因の一つは、政府と反乱勢力の双方が地下資源を支配下におさめ、その豊富な資金源を背景に戦争を続けていたことである。政府側は石油を、最大の反政府勢力であるアンゴラ全面独立民族同盟（UNITA）はダイアモンドの産地を押さえていた。

この両者のバランスに変化が起きたのは一九九三年のことである。反政府ゲリラUNITAが、政府が支配下におさめていた重要な石油施設のある海岸の町ソヨを奪取してしまったのである。この反政府ゲリラの攻勢に困ったのはアンゴラ政府だけではなかった。同政府と組んでこの地域で石油開発を進めていた西側の石油会社も同様であった。

アンゴラ政府の貴重な財源となっていたソヨの石油施設は、国営石油会社ソノガルとカナダの石油会社レンジャー石油が所有していた。この両社の取引をまとめたのは、レンジャー石油と関係が深いミステリアスな石油ビジネスマン、アンソニー・バッキンガムである。ＥＯはどのようにしてアンゴラ政府との契約にたどり着いたのか。バッキンガムのスポークスマンであるマイケル・グルーンバーグが次のように証言する。

「それはとてもシンプルな話だよ。ソヨは重要な石油港だ。そこがＵＮＩＴＡにとられた。石油会社の開発事業はこれにより深刻な被害を被った。なぜならこのソヨにあったさまざまな支援施設が使えなくなったからだ。バッキンガムとレンジャー石油はここに高価な施設を保有していた。リース料だけで一日に二万ドルはかかっていた。その施設が使えなくなったのだ。

そこで彼らはＵＮＩＴＡのところに密使を送り、石油会社がこのソヨの施設にアクセスできるように認めてほしいとお願いをした。ところが返ってきた答えは「バッキンガムさん、答えはノーだ。われわれはあなたにいかなる手助けもしない。もしわれわれがあなた方に施設への立ち入りを許可すれば、あなた方は効果的にアンゴラの経済を援助してしまうだろう？」というものだった。

そこでバッキンガムは他の石油会社と話し合って提案したのさ。「われわれがやるべきことは、あそこに行って自分たちの手で取り返すことだ」とね。そしてアンゴラの国営石油の連中が政府のところに行って、「われわれ自身で取り返してはどうか?」と提案したところ、政府は「われわれにはそんなことができる軍隊がない。だからソヨに入れないのだ。でもバッキンガムさんのところに帰って、彼が何か解決策を知らないか尋ねてくれないかね?」と答えたそうだ。そしてこの国営石油会社の代表がバッキンガムにこのメッセージを伝えたところ、バッキンガムは「よし、私が解決策を見つけてみよう」と答えたのさ」

バッキンガムの「解決策」がEOであったことはいうまでもない。バッキンガムが友人である元英国の軍人サイモン・マンに問い合わせた結果、「最適の会社があるぞ」と紹介されたのがEOだったわけである。すべては人から人へ。この世界では人脈がものをいう。

こうしてアンゴラ政府とソヨをUNITAから奪還する契約を結んだEOは、八十名から成るチームをアンゴラに送り込み、たちまちUNITAゲリラをソヨから追い出すことに成功した。

これに引き続いてEOは、一九九三年九月には年間四〇〇〇万ドルでアンゴラ政府軍を訓練する契約も結んだ。アンゴラ軍の五千名の歩兵と三十名のパイロットを訓練し直すだけでなく、五百名のEOの社員たちが、アンゴラ政府軍とともに戦闘に参加し、UNITAからほとんどの石油資源を奪回し、UNITAの資金源であるダイアモンド利権の一部も奪い返し、さらにＵＮＩＴＡを追い詰め、わずか一年後の九四年十一月には、ついにＵＮＩＴＡに停戦・和平協定を結ばせることに成功したのである。

シエラレオネの内戦を終結させた実力

このアンゴラでの快挙が世界に伝わるや、ＥＯには同じく内戦で破綻寸前のシエラレオネからもお呼びがかかった。一九九五年三月、同国の軍事政権は、残虐で有名な反政府ゲリラ、革命統一戦線（ＲＵＦ）を倒す仕事をＥＯに依頼したのである。

シエラレオネでは一九九一年以来、リベリアの独裁者チャールズ・テーラーの支援を受けたＲＵＦがダイアモンド、ボーキサイト、そしてチタニウムの鉱山をことごとく制圧し、同国の貴重な財源を奪いとり、国民の四分の一を難民キャンプ生活へ追い込み、同国を崩壊寸前に追い込んでいた。

そして一九九五年五月には、ＲＵＦがシエラレオネの首都フリータウンに向けて進撃を開始しており、シエラレオネ政府としては一刻を争う事態だった。もちろん同政府は国連、米国、旧宗主国の英国に助けを求めていたが、すべて断られており、孤立無援のまま最後の望みとしてＥＯに依頼したのであった。

ＥＯは五月中に第一陣の社員百七十名を同国に派遣。すぐにシエラレオネの弱小軍隊の訓練にとりかかり、一カ月後には首都からわずか三六キロのところまで迫っていたＲ

UFに対して最初の攻撃を開始した。EOの支援を受けた政府軍はわずか九日間でRUFを首都から一二六キロの地点まで押し戻した。

さらにEOと政府軍は、政府にとって戦略的に重要なコノ鉱物資源地域をわずか二日間でRUFから奪還し、政府の貴重な財源を取り戻した。それからも次々にRUFから拠点を取り返し、わずか半年でRUFを弱体化させ、一九九六年一月にはRUFを政府との和平協定へと追い込んだ。そしてさらにその一カ月後には、なんとシエラレオネで二十五年ぶりの民主的な選挙が行なえるまでに治安を回復させたのである。

一民間企業が数十年間続いたアフリカの内戦を終結へと導いたということで、このEOのシエラレオネでの活動は、世界中の軍事問題の関係者を驚かせただけでなく、PMCの活動の成功例として記憶されることになった。

このEOの実力と成功を証明するように、一九九七年一月にEOがさまざまな国外からの圧力によってシエラレオネを去ると、同国で再びゲリラが息を吹き返し、わずか九十五日目にはまた同国で軍事クーデターが発生し、選挙で選ばれたリーダーが追い落とされてしまった。

もうEOは雇えなかったので、今度はナイジェリア軍を中心とする西アフリカ軍事連合（ECOMOG）が介入するが、ゲリラ掃討に苦戦を重ね、ナイジェリア兵千二百人以上が殺されたあげく、EOの二十倍のコストをかけて一年がかりで首都を取り返した。

しかもＥＣＯＭＯＧは英国の大手ＰＭＣサンドライン社の後方支援を受けており、サンドラインが兵站支援や武器の調達を迅速に行なわなかったら、ＥＣＯＭＯＧの勝利はなかったのではないかともいわれている。

このためシエラレオネでは、いまだにＥＯの業績を褒め称え、同社を伝説的な存在として懐かしむ声が多く聞かれるという。ちなみにＥＯは一九九七年に解散し、その後この種の直接的な戦闘まで請け負う企業は業界の中では少数派になっている。

ＥＯがアンゴラやシエラレオネで請け負った戦闘ビジネスは、「戦争請負人」のイメージにぴったりの業務である。しかし実際には同社の解散以降、「戦闘」まで請け負う会社は非常に少なくなっている。国際法との関係や、メディアによる批判などの社会的反発が強いことから、企業の永続的な存続を考える大手のＰＭＣにとっては、この種の業務を請け負うメリットは少ないからである。

幅広い民間軍事会社のサービス

ここまではＰＭＣが提供するサービスの中でも、軍事訓練や人質解放交渉のような安全コンサルティング、それに戦闘請負サービスを具体的に見てきた。しかしこれらはＰＭＣが扱うサービスの一部に過ぎない。この他の代表的な業務をざっと見ていこう。

❖ロジスティックス支援業務

その一つは正規軍の後方支援、ロジスティックスの請負業務である。米国を中心とする先進国の軍隊は、戦略的な海上および航空輸送から、基地の設営や食料・水などの供給などを含めたロジスティックス業務を、民間企業に委託する傾向を強めている。輸送や基地の運営業務などは民間企業のほうが効率的に行なうことができるし、こうした非軍事業務を民間に委託することで、正規軍はより戦略的な軍事の中核任務につくことができる。

米ケロッグ・ブラウン&ルート（KBR）社は、バルカンやイラクで米軍に対して兵舎や野営地全体の管理運営、食料、郵便、水道水など必要物資全般の供給を一手に引き受け、イラクにおいては千二百人の情報部員たちが大量破壊兵器を調査する際のロジスティックス支援も行なったことが知られている。

またダイン・コープ社やPAE社は、シエラレオネにおける国連の平和維持活動の際に国連軍のロジスティックス支援を請け負い、米SAIC社はサウジアラビアの海軍や空軍のロジスティックスを請け負っている。

❖兵器の修理・メンテナンス

兵器や兵器システムの修理・メンテナンスは、大手の兵器製造メーカーやその系列子会社が請け負うことが多い。アフガニスタンにおける「不朽の自由作戦」やイラクにおける「イラクの自由作戦」でも、Ｂ－２ステルス爆撃機、Ｆ－１１７ステルス戦闘機、Ｕ－２偵察機やＫ－10空中空輸機、アパッチ・ヘリコプターなど最先端の洗練された兵器システムや、多くの水上戦闘艦に搭載されているハイテクシステムのメンテナンスはこうしたＰＭＣが請け負った。現在すでに米軍の全兵器システムのじつに二八パーセントのメンテナンスはＰＭＣに委託されているという。

❖インテリジェンス、偵察、監視

ＰＭＣの中にはインテリジェンスや衛星・航空監視、いわゆる通信傍受情報収集活動（ＳＩＧＩＮＴ）や計測情報収集活動（ＭＡＳＩＮＴ）、それに心理戦や情報戦を専門としている会社もある。ＣＩＡやＭＩ６出身者などによって構成される米ディリジェンス社は、商業情報や競合他社情報の分析などを専門としており、イラクにおいても非常に高度な政治情勢分析、治安情報を国連や各国の政府機関、企業向けに販売している。

❖地雷・不発弾処理

現在、アンゴラ、カンボジア、ナミビア、モザンビーク、コソボ、アフガニスタン、イラクなど多くの紛争後の復興・安定化事業の中で、地雷除去や不発弾の処理をＰＭＣが請け負っており、この分野もＰＭＣのビジネスの重要な領域の一つである。

ＰＭＣの中には、このような多岐にわたるサービスを網羅的に提供している会社もあれば、ロジスティックス支援の航空輸送に特化している会社、または地雷・不発弾処理を中心に行なっている会社などさまざまである。

しかしこうしたＰＭＣのサービスは、対テロ戦争やイラク戦争を契機とした業界全体の一大ブームの中で、さらに発展し進化を続けている。

次章では、初の「民営化された戦争」と評されたイラク戦争とその後のイラク占領、復興事業の中で、ＰＭＣがどのような働きをしたのかを詳細に見ていこう。

第3章 イラク戦争を支えたシステム

ラムズフェルド長官の弁明

二〇〇四年三月三十一日、米国のイラク侵攻から一年以上が過ぎ、「イラク泥沼化」という言葉がメディアにぽつぽつと登場しはじめたころのことだ。イラク中部の都市ファルージャで、食料と台所設備を運ぶ車列が武装勢力の待ち伏せに遭い、トラックを警護していた四人の米国人が殺害され、二人の焼死体が手足を切り離された上に晒しものにされるという痛ましい事件が発生した。遺体が無残にも痛めつけられる映像が全世界に報じられると、米国民の激しい怒りを背景に、米海兵隊は武装勢力に猛攻撃を加え、ファルージャにおける長い戦闘に突入した。

殺害された四人の米国人は、いずれも米国選り抜きの元特殊部隊のメンバーであり、三人は米海軍特殊部隊シールズ出身、一人は元陸軍のレンジャー部隊員だった。四人は米国ノースカロライナ州モヨクに本部を置き、警護と軍事訓練を中心に行なう大手ＰＭＣ、ブラックウォーター社の社員だった。このファルージャでの事件は、米軍を助けるかたちで密かに活動をしていたＰＭＣの存在に光を当て、この事件以降、イラクにおける彼らの動向に大きな関心が寄せられるようになった。

このファルージャの事件が起きてから二日後の四月二日、米民主党の大物アイク・スケルトン下院議員が、ドナルド・ラムズフェルド米国防長官（当時）宛に一通の書簡を出している。

「私は長官に対してイラクにおける民間軍事および警備要員に関する正確な情報を提供していただきたくお願い申し上げます。とくに現在イラクにおいてどの企業が活動をしており、各企業がいったい何人の人員をイラクで使っているのか、そして彼らがどのような具体的な役割を担っているのか、彼らがそのためにどのくらい報酬を得ているのか、そしてその費用はわれわれの予算のどこから支払われているのか、を具体的に教えていただきたい」

スケルトン議員はこう書いて、国防長官に対してこの問題に関する情報開示を強く求めた。これに対してラムズフェルド長官は、「イラクではいくつかの民間警備会社（PSC）が、契約の下で政府の高官や訪問してくるゲストの要人の警護を請け負っています。彼らはまた、グリーンゾーン（首都バグダッドの米軍管理区域）内における非軍事施設の警備、それに非軍事物資の輸送車列の警護サービスも提供しています。……私の理解では、イラクで仕事をしているほとんどのPSCは、米政府と直接契約をしているわけではありません。彼らはたいてい米政府と主契約をしている民間企業の従業員たちを守るために、そうした民間企業と契約を結んで働いているのです。また多くのPSCが、イラク企業やイラクでビジネスの機会を求めている外国系企業に雇われておりますす」と述べた、わずか二十行ほどの返信を送った。「PSC」という言葉を用い、「非軍事」性を強調して回答しており、明らかにこの問題を矮小化しようという意図が読みとれる。

同長官はこの書簡に、イラクにおける「PSC」に関する簡単な資料を添付してスケルトン議員に送っており、この資料にはイラクで約六十社が活動していることや人員の数が約二万人であることなどが記されていたが、同議員の質問の一部に対する回答しか含まれておらず、イラクにおけるPMCの活動の全景からはほど遠い内容であった。

イラクでは、二〇〇三年三月に米軍が開始した「イラクの自由作戦」を経て、五月一日にはブッシュ大統領による「主要な戦闘の終結」宣言がなされた。しかしその後のアメリカによる占領期から今日のイラク人による正式政府の発足に至るまで、イラクの治安情勢は一貫して不安定なまま改善のきざしを見せず、とりわけイスラム教スンニ派住民の多く住むイラク中部地域のいわゆる「スンニ・トライアングル」における、反米・反イラク政府武装勢力による自爆テロや待ち伏せによる誘拐・殺人などが続いていた。

ラムズフェルド書簡にもあるPMCの民間武装警備員が、イラクには二万人はいるといわれているが、これだけ危険で不安定な地域にこれだけ大規模にPMCが投入されたのは過去に例のないことである。それだけにPMCが有する利点やさまざまな問題点も浮き彫りになっており、これまでにはなかったPMC規制の動きや、PMCと軍の新たな関係が生まれるなど、PMCをめぐって新たな展開が見られるようになった。

まずは、なぜイラクにPMCがこれだけ大量に投入される事態に至ったのか、その背景から探っていこう。

米軍の手が回らない仕事

フセイン政権打倒後の二〇〇三年四月から〇四年六月二十八日までのあいだ、イラクにおける暫定的な政府の役割を果たしたのは、米国が設置した連合暫定施政当局（CPA）と呼ばれる機関で、この組織のトップは米国の民間人ポール・ブレマーがつとめた。ブレマー文民行政官が代表するCPAが、イラクの戦後復興やさまざまな再建事業の全般に関する責任を負っていた。そしてCPAの使命が〇四年六月に終わり、イラク人に主権が返還されてからも、治安任務については米軍が責任をもち、米国による復興事業については米国務省が責任を負う体制が続いた。

この時期のイラクの特徴は、「治安回復」「政治プロセス」「経済復興」という三つの事業が同時並行で進められたことである。通常であれば、敗戦国の軍隊や民兵の武装解除などがまずなされ、ある程度の治安の確保が達成された後に復興ビジネスなどがはじまるのだが、イラクでは治安の確保がなされていない中で、つまり軍隊が軍事作戦を遂行している同じ空間に、軍隊以外の政府機関や民間企業、さらには非政府組織（NGO）がさまざまな復興活動に従事するという複雑な状況が生まれたのである。

ところが、軍隊以外の政府機関や民間企業、そしてNGOの民間人たちを守ることは、そもそも米軍のミッションに含まれていなかった。米軍はフセイン政権の残党や反米テロリストの掃討作戦に割り当てられたため、イラクで復興事業に携わる民間企業や米軍以外の政府機関の職員や施設を守ることに人員を割く余裕はなかった。そこでこうした政府機関などは民間で安全サービスを提供できるところ、すなわちPMCと契約をしなくてはならなかったのである。

米軍の任務を見てみると、彼らが守る対象は、彼らの軍事作戦を直接支援する米国防総省の文官や民間企業の契約者だけである。その他の民間企業契約者や政府職員の安全保障は、軍の司令官ではなく大使の責任、つまり国務省の管轄となっていた。

二〇〇四年六月に、米国務省と国防総省の代表者が、イラクにおける両省の治安分野における役割分担を明確にする目的で覚書を交わしている。それによると、

・全般的には、大使がイラクにおける米国のミッションにかかわる人々や機材の安全に責任をもつ。

・米中央軍の司令官がバグダッドの米軍管轄区域の安全およびイラク全土にある大使館の地方の出先機関の安全に責任をもつ。

・海兵隊の部隊保全分遣隊、国務省の外交警護局それに国務省と契約する民間PMCの能力を超える安全確保が必要とされる場合に限り、大使は軍に対して安全の提供を

求めることができる。

となっており、大使館以外の政府系施設や人員は、よほどのことがない限り国務省自身で安全を確保しなければならない取り決めになっていた。

しかし国務省の職員が自分たちで武装して警備にあたるわけにはいかないので、現実には米軍以外の政府機関は、事務所の警備から職員の安全確保のためにPMCと契約する必要が出てくるわけである。そこでCPAのブレマー氏や彼の後を引き継いだネグロポンテ駐イラク米大使まで身辺警護をPMCに委託していたのであった。

政府機関でさえこのようなありさまだったので、復興事業に参加する民間企業は、当然自分たちで身の安全を確保しなければならず、ここでもPMCに対するニーズが発生したのである。

なぜ戦後に治安が悪化したのか

イラク戦争前、米国防総省やイラク復興に責任のある米政府省庁は、「復興作業は反米武装勢力やテロリストなどの脅威が少ない環境でなされる」との見通しを立てていた。米国防総省はフセイン政権打倒後のイラクでは、難民、疫病、油田や油井の放火による火災という三つの緊急事態を想定し、それに対処すればすぐに政治、経済復興にスムーズに入れると予想していた。ところが、その見通しはハずれ、米国は軍隊だけでなく復興事業に携わる民間人をも狙う武装勢力との戦闘にエネルギーをとられ、それと同時にイラクの政治体制の再建、経済社会システムの復興という事業に何百億ドルものお金を費やさざるをえなくなったのである。

米軍がバグダッドを陥落させた直後のころは、政府当局も復興事業者も治安に対して深刻な懸念はもっていなかった。その証拠に、復興事業を請け負う企業は、プロジェクトを計画する段階で、政府当局から治安上の諸注意を受けることはほとんどなかった。つまり「武装勢力による妨害活動のリスクを考慮するように」というような指導はなかったというのである。

たとえば、米陸軍工兵部隊と契約をしていたある請負業者は、契約時には治安対策は米軍が提供してくれるものだと思っていたが、米軍による警備はまったく手薄で、作業員たちの安全確保には不十分なレベルだったという。しかも二〇〇三年六月になるとその程度の警備でさえも「これ以上はできない」と突然通告を受けて、米軍はいなくなってしまったという。このころには治安の悪化が深刻になり、米正規軍は武装勢力掃討という別の任務に投入されていき、復興事業請負業者の警護までやる余裕はなくなってしまった。そこでこのような復興事業に携わる政府機関や企業は、急遽、民間市場で「安全」を買わなくてはならなくなったのである。

しかし多くの企業や政府機関にとって、ＰＭＣ業界にどのような企業があって、どのような基準で選んだらいいかなどの情報は極端に少なかった。ある会社がこの業界ではまったく無名の新参者なのか、それとも名声のある大企業なのかも区別のつかないまま、またそのようなことを調べる時間的余裕もない中で、彼らは治安対策のための契約を結んでいった。

このような状況だったため、仕事を引き受けたものの、期日までに必要な警備要員を集められなくてキャンセルをするPMCや、「特殊部隊出身者」だと社員の経歴を偽って契約をとったものの困難なミッションを履行できなくなるPMCなどが続出し、クライアントが契約するPMCを途中で変更するといった例も数多く見られた。

そして何よりも問題だったのは、戦後初期の混乱期には、「復興ビジネス」を通じて一花咲かせよう」とイラク入りするビジネスマンや元軍人たちが、「安全ビジネス」に金儲けのチャンスを見出して、急遽PMCを立ち上げてこの市場に新規参入する動きが活発になったことである。

混乱に乗じて急成長したカスター・バトルズ社

米国のカスター・バトルズ社は、イラク戦争を契機に誕生したそんなPMCの典型である。

「カスター・バトルズ」という社名は、スコット・カスターとマイケル・バトルズという二人の米国人の名前に由来する。米レンジャー部隊の出身者だった二人は、二〇〇二年末に長年の夢だった小さなPMCを設立した。

ニュービジネスに燃える二人にとって、「恐怖と混乱」に陥ったイラクは「途方もなく魅力的でビジネスのチャンスに溢れる国」と映ったようだった。同社はイラクでのビジネス獲得に向けて友人たちから日本円に換算してわずか百万円ほどの出資を得て、マイケル・バトルズが戦後混乱期のバグダッドへわずか五万円程度の現金を手に渡った。

バトルズはそこで偶然、「近々バグダッド国際空港の警備に関する入札が行なわれる」との噂を耳にし、友人のツテを通じてなんとか入札に参加した。従業員わずか四人のこの小さな会社が、並居る大手PMCを押しのけて十六億円相当の契約をとったとの発表があったのは二〇〇三年七月のことである。

カスター・バトルズ社がこの業界でまったく経験がなかったことが、勝利の背景だった。というのも、ほとんどの大手企業が、百三十八人の警備要員を空港に配置するのに、約八週間は必要だという計画を出していたのに対し、カスター・バトルズ社は、無謀ともいえる最短の二週間という数字を出していたからである。とにかくスピードが何よりも優先されたこの戦後混乱期のことである。同社の提案は当局の目に留まり、このプロジェクトの受注につながった。

予想外のビッグビジネスを受注してしまったカスター・バトルズ社は、急遽、口コミで人を集め、ネパールのグルカ兵やフィリピンからも人を急募して期限の二日前にはバグダッド国際空港に警備員を配置し、同空港を混乱の続くバグダッドでもっとも安全な場所に様変わりさせたといわれている。

この実績を買われたカスター・バトルズ社は、続いて二〇〇三年九月には、米政府が計画していたイラク通貨の新通貨との交換のために、イラク北部、中部、南部に三カ所の物流センターを設立する契約も獲得した。同社はつまり新通貨発行のためのロジスティックス業務を請け負ったのである。

さらに十一月になると、米陸軍工兵隊経由で、「イラク中部の送電線修復事業を請け負っている米建設大手のワシントン・グループ社が、七百名の警備要員を必要としている」との話が入ってきた。三カ月で約十四億円というこの契約で、カスター・バトルズは主にイラクのクルド人たちを安く雇って対応した。

こうしてイラクでビッグ・プロジェクトを次々に獲得して急成長したカスター・バトルズ社は、戦場ビジネス以外にも手を広げ、カタールではエビの養殖業に乗り出したり、東欧では住宅ローン専門の消費者金融ビジネスにも参入をはじめるなど急速に事業を拡大した。そして一年後には全世界で従業員一万五千人をかかえる大企業に成長し、その急成長ぶりは『ウォールストリート・ジャーナル』の一面で取り上げられるほどになったのである。

不正経理と内部告発で契約破棄

しかし確固とした基盤のないままに急拡大をしたカスター・バトルズ社は、すぐにさまざまな問題に直面することになる。

まずイラク新旧通貨交換のためのロジスティックス支援事業において、同社が大幅な水増し請求をしていたことが発覚した。また別の契約でも過剰な水増し請求をしたという同社社員の内部告発などがあり、同社のビジネス手法に対する批判が強まっただけでなく、バグダッド国際空港警備を含めて、それまで同社が政府と交わした契約についても徹底的に司法当局が捜査をはじめたのである。

また二〇〇五年二月になると、前社員が米NBCテレビの番組に出演し、「カスター・バトルズ社のクルド人警備員たちがイラク国民を無差別に殺害している」として同社を激しく糾弾した。それによると、米陸軍や海兵隊のOB四人が、同社に雇われてイラク軍向けの弾薬や武器の輸送車列の警備に参加したところ、同社の警備の中核をなしていたクルド人の若者たちが車列に近づく市民たちを無差別に射殺するなど、「見るに耐えなかった」として同社との契約を破棄して米国に帰国し、メディアを通じて同社を告発したのである。このスキャンダル発覚後、米政府はカスター・バトルズ社との取引を一切禁ずるようになる。

業界内では以前から同社の待遇がひどいということで悪評が立っていたが、戦後初期のころは、同社のような「ぽっと出」の一発屋PMCが数多く現われ、混乱の最中に大きな契約を獲得してしまうようなことが起きた。そしてこうした「ぽっと出」PMCが、業界ではすでに名の知られたプロのPMCから見れば、とても信じられないようなレベルの低い者やモラルの低い者たちに武器を与えて警備をさせるお粗末なサービスを提供していた。

当然このようなPMCの存在は、占領統治全体にも悪影響を与え、イラク国民の占領軍に対する反感を増大させることにつながったといわれている。戦後初期の混乱期には、このようにPMCを雇う側の政府や復興事業請負企業などもPMCに関する情報やノウハウが乏しかったため、実績もなくいかがわしいPMCを雇ってしまうことが多々あったのである。

二〇〇六年三月、イラク復興事業に関連した米企業の不正行為を裁くはじめての裁判が開かれ、連邦陪審は、「カスター・バトルズ社がイラク戦争後の混沌とした状況に乗じて、請け負った復興事業の請求を大幅に水増しした」として詐欺罪にあたるとの裁定を下した。この公判は同社が戦後初期の時期にCPAと締結した三〇〇万ドル（約三億六千万円）の契約についてのものである。三週間の公判の後、陪審は三〇〇万ドル全額が、カスター・バトルズ社にだましとられたと結論づけた。

カスター・バトルズ社の弁護団は、「これは詐欺ではなく、イラク戦争後の混沌とした状況下で、経験のない占領当局とのあいだで取り交わした契約に関する混乱と誤解が原因だ」と主張し、「カスター・バトルズ社の経験は、イラクにおける成功にとって決定的に重要な意味をもっていた」と言い張った。しかし裁判では「これでもか」と同社のいかさまビジネスの実態が明らかにされていった。

その具体的な手口はこうだ。同社はケイマン諸島に「セキュア・グローバル・ディストリビューション社」と「ミドル・イースト・リーシング社」というダミー会社を設立している。この両社の持株会社として同じくケイマン諸島にもう一つ「MTホールディング社」も登記。こうしたダミー会社を使った詐欺のパターンは、カスター・バトルズ社自身がトラックやその他の装備品を購入しておきながら、偽のリース契約をダミー会社とのあいだで結んだことにし、そのダミー会社がCPAに対してこの装備品等をカスター・バトルズ社を通じてリースしているというかたちを装うのである。

たとえばイラク新旧通貨交換のためのロジスティックス支援契約では、まずセキュア・グローバル社からカスター・バトルズ社にトラックやバスやフォークリフトの「リース料」の請求書が行く。この請求書によるとカスター・バトルズ社はセキュア・グローバル社に対して一台の五トントラックの一カ月のリース料金として一万二五〇〇ドル（約百五十万円）を支払ったことになっている。実際にカスター・バトルズ社は五〇〇〇ドル（約六十万円）で別の会社からリースしていたのだが、セキュア・グローバル社というダミー会社による架空の請求を行なうことで経費を水増ししていたのである。

また、バグダッド国際空港警備の契約では、同社は国営イラク航空がほったらかしにしていたフォークリフトをタダでとってきてペンキで上塗りをして航空会社のロゴを消し、偽造の請求書を使ってCPAから数千ドルをだましとっていた。

さらに別のある契約では、カスター・バトルズ社が米軍向けにトラックを数十台納入することになっていたが、同社が納入したトラックのほとんどは動かないポンコツであったという。この契約を知る米軍関係者は、「こんなひどい業者は見たことがない」とはき捨てるように語るが、その言葉通り、同社の言い訳は、「契約には「動くトラック」とは書かれていない」だった。

このカスター・バトルズ社の不正行為は、ブッシュ政権の初期イラク政策の「めちゃくちゃ加減」を象徴する事件と見ることもできるだろう。

元デルタ隊員で構成されるトリプル・キャノピー社

カスター・バトルズ社と同様にイラク戦争で生まれたPMCの一つにトリプル・キャノピー社がある。

このアメリカの会社が二〇〇四年初頭に、イラク全土にある十三カ所の連合暫定施政当局（CPA）の施設を警備するという六カ月間で日本円にして九十億円以上にのぼる大型契約を獲得したとき、この会社はまだ実態のない名ばかりの存在だった。このあたりの経緯はカスター・バトルズのときとよく似ている。

元米陸軍特殊部隊のマット・マンは四十代後半。特殊部隊時代の旧友トム・カティスとはいつも夢のような話をしていた。「われわれが特殊部隊で培った能力を活かして、対テロ訓練ビジネスでもできないだろうか」と。

二〇〇三年四月に二人はトリプル・キャノピー社を設立したが、同社は文字通り名前ばかりの会社で、ひたすらビジネスのチャンスを狙って情報収集に明け暮れていた。そんな矢先に「CPA警備の入札が行なわれる」との情報を耳にした二人は、家族や友人から借金をして、かつての軍時代の同僚たちを雇いはじめた。

決して数は多くなかったものの、彼らの提出した書類に記載されたメンバーの経歴は、入札を告知したCPA担当者に強い印象を与えた。マンは陸軍でもっとも秘密のベールに包まれた対テロ専門部隊デルタフォースに六年間所属し、このデルタ時代の元同僚たちをメンバーとしてリクルートしていたのである。

あらゆる種類の戦闘を経験し、秘密の特殊作戦に従事したかつてのデルタ隊員たちにとって、テロや殺人・誘拐の危険に満ちたイラクにおける警備ビジネスは、よほど血湧き肉躍る魅力的な仕事に見えたのだろう。トリプル・キャノピー社の誘いに応じて同社と契約する元隊員たちは跡を絶たなかったという。

インターネットで防護車両を購入し、米軍とのコネを利用して旧フセイン軍から取り上げたAK47で武装した「ぽっと出」PMCのトリプル・キャノピー社は、一年後にはあれよあれよという間に、イラクで千人の武装警備員を動かす大企業にのし上がってしまった。千人のうちアメリカ人は二百人で、残りはチリとフィジーの元軍人たちだった。同社はCPAの警備の他にも、大規模な米軍の基地警備、旧イラク軍から没収した武器や弾薬庫の警備など、米軍との密接な関係を通じてきわめて軍事的にも重要な施設の警備を任されるようになったが、イラクでの業務は決して楽なものではなかった。

民間軍事会社vs.シーア派民兵

トリプル・キャノピー社がイラク市場に参入してわずか数週間後の二〇〇四年四月、同社は南部の町クートにおいて、イスラム教シーア派の過激な指導者ムクタダ・サドルの民兵マフディー軍の挑戦を受けることになった。

このころまでにイラクの治安は相当深刻なレベルにまで悪化しており、あらゆる復興事業において費用の二十五パーセントが治安対策にあてられるようになっていた。二〇〇四年四月には、この章の冒頭で取り上げた米ブラックウォーター社の社員惨殺事件を契機として、ファルージャにおける米軍とスンニ派武装勢力の戦闘が激化していたが、これと連動するように南部地域ではマフディー軍が米軍および連合軍に対する軍事行動を開始していた。

当時クートにあるCPA本部の警備にあたっていたトリプル・キャノピー社は、こうした流れの中で、マフディー軍の激しい攻撃に晒されることになった。現在同社の訓練アドバイザーをつとめている通称「ジョン」が、当時このクートCPA本部の警備の責任者をつとめていた。ジョンは米陸軍に二十六年間在籍し、その多くを対テロ専門部隊デルタフォースで過ごした男だが、イラクでの警備開始早々のこの襲撃は、すでに五十にならんとするジョンにはタフな仕事だった。

クートCPA本部は、かつてはフセイン政権のバース党の事務所やホテルだったいくつかの建物から成り立っており、三方を頑丈な壁で囲まれていたが、川に面した一方向だけは、川の眺めを妨げないように防御のための建造物は一切なかった。そんなことが許されるほど、当時まだこの南部の町は平穏だったのである。

最初の危険な兆候は、いくつかのグループを形成する総勢千人を超える群衆が、CPA本部の周囲に集まり、クートからCPAが出ていくように要求しはじめたことだった。群衆の中の多くはライフルや擲弾発射機をもっていたため、ジョンは「このデモはわれわれを取り囲み攻撃を仕掛けるための策略だ」とすぐに危険を察知した。しばらくすると、連合軍が訓練したイラク人警察が、町中の派出所や検問所から逃げ去り、彼らの武器や弾薬やユニフォームがマフディー軍の手に落ちたとの情報がもたらされた。ジョンの指揮下にいる核となるチームはたった三名の武装したトリプル・キャノピー社の警備員だけであった。本部には四十名のウクライナ軍人も駐留していた。トリプル・キャノピー社が雇ったイラク人の警備員たちは、ほとんどがすでにその場から逃げ出していた。

ジョンは警戒態勢をとり、文民職員には防弾ベストを着用させ、囲いの塀を突破されたときのために、防御の最終ラインであるホテルの中央地点まで移動する準備をさせた。「自動車爆弾を突っ込ませるぞ」という脅しが聞こえ、夜中には二台の車がゲート付近に止められた。そして翌朝には、マフディー軍による一斉攻撃がはじまり、本部の周囲は破壊され、銃弾や手榴弾がCPA本部の建物に届くようになった。敵はしだいに距離を詰め、攻撃は四方八方からきた。迫撃砲が敷地内で破裂し、窓ガラスは砕け、建物の壁が大きな塊ごと崩れ出したという。

この間、CPA本部防衛の事実上の指揮官はジョンだった。ホテルの屋根に登り、ジョンはマフディー軍に対する反撃を指揮した。三名のトリプル・キャノピー社の社員はそれぞれ別の建物の屋根に上がり、ジョンとともに応戦した。逃げずに残った二名のイラク人スタッフにはマシンガンを渡し、数時間にわたって激しく応戦したウクライナ軍は弾薬が尽きかけていたため、ジョンはすぐにトリプル・キャノピー社の弾薬で補給するよう指示を出した。

さらに四人目の同社の元軍人、といっても彼は軍犬の訓練士で戦闘経験はまったくなかったため、彼を後方支援係として使い、トリプル・キャノピー社の各従業員のあいだを、銃弾と水の補給のために走り回らせた。この日の戦闘でじつに二千五百発の弾丸を消費したという。

ジョンは三つの無線と衛星電話を曲芸師のように使いながら方々に救援を要請し、米軍に対しても、二百名から四百名はいると思われたサドルの軍勢を蹴散らすために航空支援を懇願した。

しかし救援の来ないまま戦闘は夜に突入。夜の十時、トリプル・キャノピー本部から「空輸による避難計画を立てている」との連絡が入ったが、その二時間後には、「ヘリが撃墜される危険性が高いという理由から空輸避難計画がキャンセルになった」との悲しい知らせが届いた。そして夜中の一時になってやっと、機関砲を乱れ撃ちにしながら米軍の攻撃ヘリが救援に来た。このすさまじい攻撃でマフディー軍はぴたりとおとなしくなったが、ホテルにも何発も砲弾が炸裂したという。

米軍ヘリは上空から砲撃を続け、敵はそのたびに安全な場所に避難する。そして夜明け近くになって、ジョン率いるトリプル・キャノピー社員とウクライナ軍は、CPAバグダッド本部の「なんでもいいから全員そこから逃げ出せ！」という命令を実行に移した。彼らは、防弾装備を施した車両と荷台だけのトラックに分乗して無我夢中でアクセルを踏んだ。「どこの角をどう曲がったかなんて全然覚えていない」とジョンは当時を思い出して言う。そして彼らは文字通り、命からがら近くの連合軍の基地に飛び込んだのだという。こうしてトリプル・キャノピー社のジョン指揮官の下で、クートのＣＰＡ本部にいた民間人と軍人たちは、奇跡的に深刻な怪我もなく全員生き残ったのだった。

エリート限定採用

トリプル・キャノピー社のチームは、二〇〇四年はじめから八月までの短い期間に、四十回も敵の攻撃に遭遇している。これは同社の社員が反撃をした大規模な攻撃だけの数であり、ヒット・アンド・アウェイ的な小規模な攻撃を含めれば軽く百を超えてしまうという。

同じ「ぽっと出」ＰＭＣでも、トリプル・キャノピー社はカスター・バトルズ社と違い、この業界では質の高いサービスを提供する企業としての名声を獲得し、大成功を収めている。イラクでは米国防総省や国務省から毎年三億五〇〇〇万ドル（約三百億円）相当の契約を獲得し続けているのである。

トリプル・キャノピー社の成功の秘訣は、おそらく社員を米陸軍のエリート部隊デルタフォース出身者から集め、人員およびオペレーションの質の高さを維持することに努めたことであろう。同社はイラクに警備員を送る前に、いかにエリート部隊を出た元特殊部隊員であろうと必ず三週間の訓練を受けさせる。そこでは技術的な射撃訓練から性格診断の心理テストまで幅広い試験や訓練を行ない、それに合格したものでなければ武器を与えてイラクに送ることは許されない。

二〇〇五年から〇六年にかけて、同社はいくつもの改革を行ない、経営陣を変更しただけでなく、「戦略諮問委員会」を設立し、現存する従業員向けの訓練センターを拡大する新たな戦略も明らかにしている。アメリカの州の法執行機関などのあいだで特殊訓練に対する需要が増大していることを受けたもので、西ヴァージニアにある訓練場を拡大して、外部のとくに警察官向けの訓練を充実させるという。

トリプル・キャノピー社はまた、一般企業に対するリスク評価など、商業用のサービスも拡大していく方針である。同社はイラク戦争を契機に誕生した会社だけに、米軍や米政府との緊密な関係から、主に政府というお客さんを対象に仕事をしており、民間企業向けの仕事は全体の五パーセントに満たない。それを二〇〇八年までに三〇パーセントにまで高め、同社の事業の多角化を図ろうというのである。

他の業界と同様、ＰＭＣの世界でもクオリティの高い人材の確保、サービスの質の向上に努めている企業だけが生き残っていくのである。

米海兵隊員を救ったブラックウォーター社

トリプル・キャノピー社がクートのCPA本部でマフディー軍の攻撃を受けていたのとちょうど同じころ、イラクのあちらこちらでPMCが直接戦闘に巻き込まれる事件が相次いでいた。冒頭で紹介したブラックウォーター社の社員四人がファルージャで襲撃に遭い惨殺されたのもまさにこの時期だった。

PMCと正規の国軍とのあいだには、通常明確な役割分担がある。PMCは防衛《ディフェンス》を、正規軍は攻撃《オフェンス》を担うという役割分担であり、それゆえ最前線での戦闘は正規軍が担うものとされていた。

しかしイラクの武装勢力側にしてみれば、相手がPMCであろうと米軍であろうと一緒であり、彼らがターゲットを連合軍の支援物資輸送ラインやCPAの施設などのいわゆる「ソフトターゲット」にシフトさせていくにつれて、そうした施設の警備にあたっていたPMCの武装警備員たちが直接的な攻撃に晒され、実際の戦闘に巻き込まれるケースが増えていった。

二〇〇四年四月四日の日曜日のこと。イラク南部の町ナジャフにある米政府施設が、数百人と見積もられるイスラム教シーア派の若き指導者ムクタダ・サドルの民兵集団に襲われる事件が発生した。米政府との契約の下、この施設の警備を請け負っていたのは米ブラックウォーター社だった。

このとき同施設には八名のブラックウォーター社員が警備にあたっており、米海兵隊員も四名いたという。シーア派民兵が攻撃をしてきたとき、米軍に救援を要請する時間的余裕などなく、とにかく自力で対処するほかなかった。民兵からの攻撃は激しさを強め、RPG軽対戦ロケット弾やAK47攻撃ライフルによるすさまじい攻撃を受けて、四名の米海兵隊員は皆負傷してしまったという。

そこでブラックウォーター社は自社のヘリコプターを二機派遣するよう要請し、このブラックウォーターのヘリ部隊が必要な弾薬を補給し、さらには負傷した米兵を救出した。結局ずいぶん後になって米軍が救援に駆けつけるまで、ブラックウォーター社の社員八名だけで数百人の民兵の攻撃に耐え続けたのである。

このようにPMCの武装警備員たちは、正規軍の兵士たちと同じような危険に晒されるようになった。この事件に関して欧米各紙は、「戦闘面で米軍を支援するPMC」というトーンで彼らの活動を否定的に伝えたのである。

「戦闘員」か「非戦闘員」か

多くの識者がメディアなどを通じてPMCに対する懸念を表明しているのは、PMCの武装警備員たちが戦闘に巻き込まれると、彼らの法的地位があいまいになってしまうという点である。

米政府は自衛のために武器の携帯を許可しているものの、ＰＭＣの武装警備員たちが戦闘に加わることを望んでいるわけではない。ＰＭＣの民間契約者は、戦時国際法として戦争時の捕虜に対する扱いを定めたジュネーブ条約では、「非戦闘員」の分類に含まれると解釈されている。

ジュネーブ条約は、戦争時の最低限の取り決めとして、「非戦闘員」である民間人や非武装の文官に対しては、虐殺をしないなどの人道上の配慮をするよう定めている。また制服を着た軍人である「戦闘員」に対しても、捕虜にした際には人道上配慮した取り扱いを義務づけている。

しかし「武装した民間人」「軍服を着用していない戦闘員」であるＰＭＣの契約者たちは、そもそもこの伝統的な分類の外に置かれてしまう。つまり武器をもって戦ってしまうと、彼らはジュネーブ条約という重要な戦時国際法の定義に該当しない存在となってしまう恐れがあるのだ。

米軍の公式見解によれば、民間人が生来の権利としてもっている「自衛権」を行使している場合には「戦闘員」とは認められず、したがって犯罪者として裁かれることもない。しかし民間人が自衛権行使の正当性もなく、また国家の許可なしに殺傷力のある武器を用いた場合には、訴追の対象となる犯罪者と見なされる、というものである。

ブラックウォーター社の事件を受けて、イラクのある米軍基地で新生イラク軍の訓練を監督する立場にある米軍関係者がメールを送ってきた。少し長いが以下に引用する。

「私は数多くの戦闘地域でPMCの活動を見てきたが、多くの場合彼らはセキュリティのプロフェッショナルであり、非常に有能である。軍隊に蔓延している官僚主義や政治の影響があるため、正規軍はしばしば本来やらなければならないことをできずにいる。私は先週、指揮官が許可を出さなかったがゆえに兵士たちが死ぬのを目の当たりにした。反対に指揮官が許可を出さなかったにもかかわらず、PMCが助けに入ってくれたので兵士たちが命拾いをしたこともある。

ナジャフにおいてブラックウォーター社の社員たちが警備していた建物を守り、戦闘が激しくなり負傷者が発生したにもかかわらず、米軍の指揮官は救援を出すことを拒んだ。そしてその代わりに同社がヘリを出したのだ。米軍の指導部が自分たちの仲間が困っているときに必要な支援を怠り、元軍人たちの民間企業が米軍の軍人の命を助けたなんて、なんとも悲しい日である。

これ以外にも私はここイラクで何度もPMCから信頼できるインテリジェンスを受けとって彼らに助けられたことがある。ちょうど二日前のことだ。われわれの護送車列が待ち伏せに遭ったのだが何の被害もなかった。PMCから受けとったインテリジェンスのお陰で事前に待ち伏せに対する準備ができていたからである。

しばしばＰＭＣの行動がディフェンシブなのかオフェンシブなのかという議論を耳にする。ＰＭＣは守勢的な行動のみ許されており、攻勢的な行動は許されていないといわれている。私は十一年間も軍隊で働いてきて、ＰＭＣが攻勢的な行動、直接的な攻撃行動をとるところを見たためしがない。ナジャフにおけるブラックウォーター社について見てみよう。このＰＭＣの社員たちの業務は、建物に物理的な安全を提供することであり、その建物が攻撃に晒されたので抵抗し、攻撃者を撃退した。これは定義によれば防衛的な行動である。

ＰＭＣに規制が必要なことに疑いはないが、彼らには明確な行動基準があることを知らなければならない。大多数のＰＭＣ武装警備員は、平均的な兵士よりはるかに進んだ技能やノウハウをもっている。彼らは今日の戦闘現場に必要な存在であり、一米軍人として彼らがここにいてくれることに感謝している」

この米軍人にとって、「戦闘員か非戦闘員か」などという議論はナンセンスであり、銃をもち、ときには自衛のためにそれを行使するからといって「戦闘員」などにはならないのだということである。

正規軍は前、民間軍事会社は後ろ

アメリカやその同盟国が政治的にも物理的にも限られた数の派兵しかできない中で、

PMCは明らかにその穴を埋める役割を果たしている。そして機能的にも、PMCが防衛的な業務を請け負うことで、正規軍は攻撃的な任務に専念できるというメリットがある。正規軍とPMCはこの軍事作戦においてしっかりと役割分担をしているのである。

英ハート・セキュリティ社のサイモン・ファルクナー最高執行役員は、「正規軍は「前」、われわれ民間が「後ろ」の防衛の部分を担うことで、正規軍はより戦略的な任務に専念することができる」と説明していた。

一例を挙げると、イラクで二〇〇四年六月まで占領行政を統括したポール・ブレマー文民行政官の身辺警護は、当初海軍特殊部隊シールズの隊員が担っていた。しかしすぐに米軍はテロリスト掃討作戦にそのシールズ隊員たちを回すために、米ブラックウォーター社を雇い、「シールズのOBたち」にブレマー氏の警護を委託した。

連合暫定施政当局（CPA）設立当時に警備担当だったアンドリュー・ベアーパーク氏は、米軍側からPMCを雇うようにとの助言を受けたが、その理由として「米軍の戦闘部隊はあまりに小さすぎた。……軍隊は単純に十分な数をイラクに投入しなかったので限界まで伸びきってしまった」ことを認めている。またPMCによる警備のほうが一般部隊の兵士による警備よりもすぐれていると同氏は断言する。

「民間の連中のほうがこの仕事のための訓練を積んでおり、政府高官を危険地域でスムーズに移動させるために、リスクがあっても率先して動いてくれる。軍人たちはしばししばリスクが高いと動きたがらない」と言うのである。

このようにPMCの存在は米軍を補完し、米軍が限られた人的資源を効率的に運用することを可能にしている。これはイラクにおいてとりわけ顕著だが、PMCはイラクにとどまらず世界中で正規軍の「陰の同盟者」としての役割を果たしている。米軍が現在深刻な兵員不足に陥っていることは、もはやさまざまな調査結果から明らかである。

国際戦略問題研究所の『ミリタリー・バランス』は、「イラクにおける軍事作戦は、米軍がとくに紛争後の状況で必要となる諸活動に必要な能力を備えた人員を十分に有していないことを露呈した」と述べ、二〇〇五年五月に米国防総省が議会に報告した年次リスク評価の中でも、「この戦争は、米軍が世界のいかなる場所で起こる紛争に対しても対処できる高い能力を維持することを著しく困難にしている」と認めている。

現在全米軍の約二七パーセントが海外に派兵されており、そのうちの半数は戦闘地域に派遣されているが、これはベトナム戦争以来もっとも高い数字である。そしてイラクやアフガニスタンへの派兵期間が長くなり、その派兵の頻度が高くなるにつれ、陸軍は十分な数の兵力を維持し、新兵をリクルートすることが難しくなっている。実際二〇〇五年八月の陸軍のリクルート状況は、年間目標に一一パーセントも届かず、予備役に至っては二〇パーセント、州兵は二三パーセントも目標数値を下回っている。このように米軍が深刻なマンパワー不足に陥る中で、PMCが貴重な人的資源の供給源として機能しているのである。

民間軍事会社同士のインテリジェンス協力

二〇〇四年春は、ＰＭＣのイラクビジネスにとって大きな転換点となる時期だった。トリプル・キャノピー社がクートで襲撃を受け、ブラックウォーター社もファルージャで貴重な従業員を四名失い、ナジャフでも命がけの戦闘を生きのびていたことはすでに述べた通りである。この同じ時期に、英コントロール・リスクス社や英ハート・セキュリティ社の武装警備員たちも、同様に戦闘に巻き込まれたことが伝えられている。

この一連の事件から明らかになったことは、「ＰＭＣの武装警備員たちも正規軍の兵士たちと同じような危険に晒されるようになったにもかかわらず、彼らは正規軍のように緊急時の支援や救援を受けられるわけではなく、より一層危険な状況に置かれている」という事実だった。

こうした被害や危険の増大を受けて、ＰＭＣ各社は、「敵の動向に関するインテリジェンスや、攻撃を受けた際の救援面で連合軍を頼りにすることはできない」と判断するようになった。そして、ＰＭＣ同士が協力関係を強め、情報を共有して、それぞれの企業の救援チームをお互いの緊急時には相互に派遣し合って協力する体制を整えるという動きを見せはじめた。各企業の作戦支援センターの電話番号を企業同士が共有し、脅威に関する情報も共有して、危機の際にはお互いに救助を提供し合う体制をつくりはじめたのである。

こうした動きはインフォーマルで暫定的なものであったが、本来、競争相手としていがみ合っていた企業同士が、自発的にこのような協力体制をつくりはじめたことは、画期的であると同時に、イラクの治安状況の深刻さを物語っていた。

このようなPMC同士のインテリジェンス協力の動きや軍に対する情報提供の要望を受けて、米軍は大胆な計画を打ち出した。米軍や連合軍がもつ極秘の治安情報をPMCに対して提供することを決定したのだが、その際に、このような政治的にも微妙な任務を、米軍自身が行なうのではなく、なんと民間企業自身に委託する計画を発表したのである。

三百億円の大型セキュリティ契約

「二億九三〇〇万ドル（約三百五十億円強）」というイラクのセキュリティ市場で最大の契約が発表されたのは、二〇〇四年五月二十五日のことである。この契約はイラク復興事業にかかわるすべての民間契約企業の治安業務のための、統合的なセンター＝調整連絡所を創設するというもので、具体的には、イラクの治安情報を一元的に集約してそれを全企業に配信し、必要に応じて企業に対するガイダンスを与え、企業と連合軍の調整も仲介するというものであった。

米軍は、とにかくPMCが戦闘に巻き込まれる事態を防ぐことに主眼を置いて、米軍とPMCの調整システムの構築に乗り出したのである。具体的には、国防総省内の民間活用を扱う「プロジェクトおよび契約局（PCO）」内に、米軍とPMCの調整機関として新たに復興運営センター（ROC）が設立された。〇四年五月に発表された契約は、このPCO職員の警備とROCの運営業務をすべて請け負うという内容だった。

このプロジェクトの規模もさることながら、関係者を驚かせたのは、この史上最大の契約を受注したのが、イージス・ディフェンス・サービス社という業界では無名の企業だったことである。しかもこの企業の名前は知らなくても、同社の創設者の名前だけは業界内では知らぬ者がいないほど有名だったからである。

ティム・スパイサー元中佐。英国軍のエリート連隊であるスコッツ・ガード出身で、過去に何度もPMC業界を揺るがすスキャンダルにかかわってきた人物である。一九九八年、当時スパイサーが率いていたPMCサンドライン社が、国連制裁下にあったシエラレオネに武器を輸出したことで起きたいわゆる「サンドライン事件」は、当時英政界を巻き込んだ大スキャンダルに発展した。また、その前にはパプアニューギニア政府を軍事的に支援するという契約を結んだこともあった。この契約にもとづいて現地を訪れたスパイサーはしかし、契約に不満をもつパプアニューギニア国軍の手で逮捕されてしまい、この契約の存在が明るみに出た。さらに契約不履行のパプアニューギニア政府を相手どってサンドライン社が国際法廷で争う道をとったため、契約の詳細が白日の下に晒され、一民間企業の軍事的介入が国際的な議論の的になったこともあった。

こうした「サンドライン事件」スキャンダル以降、スパイサーは同社を退社し、新たにストラテジック・コンサルティング・インターナショナル社を設立し、後にトライデント海事会社に社名を変更して、主に海賊やテロ問題を中心としたコンサルティングを行なっていたことが知られていたが、いつのまにかイージス・ディフェンス・サービス社を設立して、このイラク最大のビジネスをかっさらってしまったのである。

イージス社がイラクの治安業務でまったく経験も実績もなかったことから、ライバルのダイン・コープ社、コントロール・リスクス社やＭＰＲＩ社はこの発表に激しく抗議したと伝えられている。

情報管理をめぐる難問

イージス社が管理・運営しているＲＯＣは、ＰＭＣと軍が状況認識を共有できるように情報を提供し、両者の調整を促進させる活動を行なっているが、その活動の一つとして、イラクで活動しているＰＭＣに対してイラク全土の治安情報を毎日提供している。

第１章でも述べたように、ＲＯＣは『イラク・デイリー・セキュリティ』というレポートを毎日発行し、ＰＭＣに貴重な治安情報を提供している。

ＲＯＣはまた、ＰＭＣが待ち伏せ攻撃などに遭って軍の助けが必要なときに、軍の緊急対応部隊や医療部隊の派遣を要請する緊急連絡の役割も果たし、さらにはＰＭＣに対して管轄地域の軍当局の連絡先を伝え、一方の軍側にはＰＭＣが管轄地域に入ることを事前に通告する機能も代行している。

ＲＯＣに加盟しているＰＭＣの動きは、ＲＯＣの地域事務所がＧＰＳを通じてトラッキングしており、緊急時の連絡中継所、緊急対応センターの役割も果たしている。このＲＯＣのシステムはまだ完璧には機能していないものの、軍とＰＭＣの関係を強化させる具体的な仕組みとして画期的である。

ただここで問題となっているのは、このプロジェクトを統括しているのが、イージス社というイギリスのＰＭＣだという点である。イラクで治安業務にあたる別のＰＭＣエリニス社のアンディ・メルビル氏は、「われわれの活動は秘密でなくてはならないはずであり、われわれは他のセキュリティ企業に、われわれのクライアントが誰で、どこでどのように活動しているかといった秘密を知ってほしくない。彼らに競争上、商業上のアドバンテージを与えてしまうことをわれわれは懸念している。なぜならＲＯＣを通じてイージス社はイラクで活動するすべてのセキュリティ企業の活動を知りうる立場にあるからだ」と述べており、こうした懸念からＲＯＣに参加していない企業も多数あると考えられる。

イラクでは、戦後の治安情勢の見積もりを誤って兵力不足に陥った米軍を支援するかたちで、ＰＭＣが過去にない規模で大量投入された。そしてふって湧いたような「ＰＭＣバブル」の中で、実績のある企業もない企業も莫大な契約を獲得し、中には不正が暴露されて閉め出される企業もあれば、チャンスをものにして大企業に成長する会社もあった。

チャンスとカネの大きさはしかし、危険の大きさの裏返しでもあった。

イラクの治安情勢が悪化する中で、ＰＭＣの武装警備員たちは、イラク武装勢力の激しい攻撃に遭い、死にもの狂いで戦い、殺し、そして殺された。正規軍からの支援のないままに孤立無援の戦いを続けたＰＭＣは、商業的なライバル関係を超えて、お互いに協力する姿勢を見せはじめ、それがやがて軍とＰＭＣの調整機構の設立へと道を開いたのである。

イラク市場において、かつてないほど危険なミッションを与えられたＰＭＣは、前例のない未体験ゾーンへと突入してしまったかのようだ。イラクを舞台にしたＰＭＣ劇場。次章では、そうしたＰＭＣビジネスの最前線で危険な仕事を担う請負人たちの素顔に迫っていこう。

第4章 働く側の本音

引っ張りだこの特殊部隊出身者

　ＰＭＣの業務のためにイラク入りしている請負人たちの多くが、アメリカにおいてはレンジャー部隊、グリーンベレー、デルタフォースやシールズなどの特殊部隊に所属し、イギリスでは特殊空挺部隊（ＳＡＳ）、特殊舟艇部隊（ＳＢＳ）、海軍特殊部隊やＳＯ14（ロンドン警視庁の王室関係者警護担当）など、軍や警察の中でも特殊訓練を受けた超エリート部隊の出身者が多く、彼らはこの業界で引っ張りだこである。

　通常の軍隊というのは戦車部隊、通信部隊、後方支援部隊など機能的な分業システムで成り立っており、個々の軍人は全体を構成する歯車の一つに過ぎず、そのパーツが集結してはじめて完結した能力を発揮できるのに対して、特殊部隊は個々人の兵士が多種多様な能力を保有し、単独でも作戦行動がとれなくてはならない。さまざまな状況に柔軟に対応するために、独自で判断し行動することが求められており、そのように訓練されている。危険地域における政府要人の警護や車列の警護といった困難な業務には、このような特殊訓練を受けた人材が最適である。

　とりわけイラクやアフガニスタンでは米英軍の特殊部隊が「より戦略的に重要な」対テロ戦争の最前線に投入されている中で、民間市場からこうした特殊部隊ＯＢの人材が駆り出されている。彼らは基礎的な訓練を受けただけの若い州兵などにくらべると比較になるほどの経験やスキルをもっており、外国語や異文化圏での生活などの訓練、さらには情報収集や分析の訓練も受けている。

もともとPMC業界は、こうした少数の特殊部隊出身者による「秘密クラブ」的な要素が強く、現在でもそうした色彩は強く残っている。イラクで多数存在するPMCも、その経営者たちの多くは、この狭い「秘密クラブ」の出身者で、お互いに顔見知りというケースが多い。たとえば、アラスター・モリソンやリチャード・ベーセルといったSAS出身者が、いくつものPMCを転々としながら業界をリードしてきた経緯がある。

とくにモリソンは特殊部隊の世界では伝説的な人物である。彼がSASに入隊した一九六八年当時には、SASの名は一般にはほとんど知られていなかった。その名が一部で知られるようになったのは、一九七七年に起きたルフトハンザ航空のハイジャック事件であった。このときパレスチナのテロ組織「パレスチナ解放人民戦線」が西ドイツ（当時）のルフトハンザ航空機をハイジャックし、十三人のゲリラの釈放を要求した。アラブ諸国を転々としたあげくに同機はソマリアのモガディシオ空港に着陸。ドイツ連邦国境警備隊第9対テロ部隊（GSG9）の要請を受けて、モリソン率いるSASがGSG9とともに同機へ突入、ハイジャック犯三人を射殺して見事に人質全員を救出したのである。

このドラマティックな働きの後、モリソンは対テロ専門家としての地位を不動のものとし、世界三十二カ国の対テロ組織育成に手を貸し、その中にはアメリカのデルタフォースも含まれていた。

一九八〇年にSASを退職したモリソンは、翌年ディフェンス・システムズ・リミテッド（DSL）社を設立。ベーセルも同社の立ち上げに加わった。DSLはアフリカで金鉱やダイアモンド鉱山を盗人から守り、ラテンアメリカでは石油パイプラインをゲリラから守り、中東ではイギリスやアメリカの大使館を警備した。また同社はスリランカ、パプアニューギニアやモザンビークの治安機関に対反乱訓練を施したことでも知られ、SASのテクニックを教えるビジネスをはじめた「走り」の会社である。こうして一九九〇年代を通じてモリソンとベーセルはDSLを高収益なPMCに育て上げたのである。

その後、ベーセルとモリソンはともに一九九七年にDSLの株を売却すると、それぞれ自分の会社を立ち上げた。後にウェストベリー卿となるベーセルが一九九九年に設立したのが、第1章で取り上げたハート・セキュリティ社であり、モリソンはエリニス社を南アフリカ出身のショーン・クレアリーとともに育てあげた。クレアリーはアパルトヘイト時代の南アフリカの元軍人で、アンゴラの反政府ゲリラUNITAの指導者ジョナス・サビンビとも近い関係にあった。

この二人が設立した無名の会社エリニスは、二〇〇三年夏に八千万ドル（約九十六億円）の契約をイラクで受注すると一気に世間の注目を集めた。イラクの石油施設の警備ということの大型プロジェクトで、モリソンたちはなんと一万五千人の警備員を雇うことになったのである。この契約が決まると、エリニス社は米国防総省が子飼いにしていたイラク人亡命者アフマド・チャラビー率いる民兵組織「自由イラク軍」のメンバーを警備員として雇いはじめた。

しかしチャラビーの民兵は、米国防総省からサダム・フセイン政権打倒のために援助を受けていたグループだっただけに、「エリニス社はチャラビーのための民兵会社をつくっているのではないか」と疑われた。しかも実績のあまりない同社が、イラクの石油施設の警備という大型プロジェクトの受注に成功したのだから、その背後にはチャラビーや米国防総省の政治力があったのではないかと疑われてもしかたがあるまい。いずれにしてもエリニス社は、自由イラク軍やクルド人の民兵を多数雇ってこの任務にあてた。

ところがモリソンは二〇〇四年三月には、リスク・コンサルティングの大手クロール社に移り、警備・警護専門のクロール・セキュリティ・インターナショナルを設立している。提供しているサービスは基本的にDSLやエリニス時代と同じなのだが、よりよい環境を求めて渡り歩いているようにも見える。PMC業界では人の移動が激しい。ライバル企業同士の引き抜き合戦も熾烈であり、有能な人材はよりよい報酬、よりよい条件を求めて、業界内を渡り歩いていくのである。

いずれにしても、モリソンのように特殊部隊における高度な技能と名声をもっている者は、ＰＭＣ業界では引く手あまたである。

深刻化する人材流出

９・11テロ事件以降、こうした民間市場における特殊部隊人気の影響で、欧米の特殊部隊は深刻な人材不足に陥っている。世界は対テロ戦争の時代に突入し、テロ対処の訓練を受けている特殊部隊の出番が急増したにもかかわらず、経験豊富な隊員が軍を辞めて民間企業、つまりＰＭＣに移るケースが増えており、若くて経験の少ない隊員が指導的な地位に昇格するという事態も起きている。

実際に二〇〇五年春に米会計検査院（ＧＡＯ）が調べたところ、二〇〇四年に特殊部隊を辞めた隊員の数は、９・11以降でもっとも多くなっており、米軍の特殊作戦司令部では、「オペレーター」と呼ばれる経験豊かな隊員たちの人材流出に大きな懸念を抱いているというのだ。

軍事アナリストのローレン・トンプソンは、「海軍のシールズや陸軍のグリーンベレーの人手不足が深刻になってくると、軍のオプションとしては作戦を止めにするか、もしくは経験がなく任務に不適格な人材を派遣するかのどちらかしかなくなってしまう」と嘆いていた。

二〇〇四年には志願入隊の陸軍特殊部隊員の一三パーセントが辞職しているが、これは二〇〇三年時の六パーセントを大きく上回っており、十四年から十九年のキャリアをもつ隊員百十六名がこの年、軍を去ったという。この数は、同レベルの経験をもつ特殊部隊の軍曹千二百三十七名のじつに一〇パーセント近くに相当するが、〇三年にはこの数が三十一名に過ぎなかったこととくらべると異常なほど高くなっていることがわかる。原則として勤続二十年以下の者は年金受給資格がないため、過去これだけ多くの経験ある隊員たちが特殊部隊を辞めたことはなかったという。

GAOはこれだけ多くの特殊部隊員が辞めている背景として、「より雇用条件のよい民間企業に人材が流出している」と指摘しており、PMCへの再就職がその大きな原因の一つだとしている。ブラックウォーター社のような一流PMCは、三カ月から四カ月の仕事に対して三万三〇〇〇ドル（約三百九十六万円）相当の報酬を払っており、トップレベルになると年俸二〇万ドル（約二千四百万円）以上稼ぐ元「オペレーター」もいる。彼らは軍にいれば通常七万ドル（約八百四十万円）程度が平均の年収であるから、民間市場に出れば三倍近く稼げる可能性があるわけである。

米軍側も人材流出を食い止めるべく対抗策を打っており、二〇〇五年二月には上級「オペレーター」たちのボーナスを最大一五万ドル（約千八百万円）まで引き上げることを発表し、下級のメンバーたちにも月額三七五ドル（約四万五千円）が追加で支給されることが決定された。

また単に報酬だけでなく、部隊で受けられる対テロ訓練が時代遅れで不十分だという不満の声が高いことを受けて、現在の対テロ戦争に必要とされる戦闘技術を身につけさせるように訓練プログラムを大幅に変更するという措置もとられている。新たな訓練メニューには、インテリジェンス作戦や、各種の語学特訓講座、それに急速に変化する環境をいかに分析し対応するかといった状況判断能力を向上させる実践的な訓練も加えられるようになったという。

特殊部隊からPMCに移る元隊員の中に、「民間のほうがより実践的で応用的な戦闘技術が学べる」と考えているものがいることは驚きである。実際に米軍側が特殊部隊の訓練プログラムをより現実に即した実践的で魅力のある訓練メニューに変更していることから、こうした指摘はたしかなのだろう。軍隊とPMCが訓練内容をめぐって競争し、ある意味で切磋琢磨し合いながら訓練の質を向上させるという、わが国ではとうてい考えられないような事態が、アメリカでは起きているわけである。

特殊訓練のワンストップ・ショッピング

英国系PMCの多くが、SASの元隊員たちによってつくられたのに対して、米ブラックウォーター社は海軍特殊部隊シールズのOBたちが中心になっている。もともと同社設立のアイデアは、シールズの隊員たちが訓練に不自由をしており、陸軍や海兵隊の訓練場を転々と間借りしながら訓練していたという状況から生まれたものである。

シールズの元教官でブラックウォーター社の創設者の一人であるアル・クラークは、「すべてを一つの場所で訓練できる、そう、特殊訓練のワンストップ・ショッピングのような場所が欲しかった」と当時を振り返る。クラークがこのアイデアを話した相手が、シールズ隊員としては珍しく大金持ちのボンボンだったエリック・プリンスだった。

エリックの父親は「プリンス・グループ」という西ミシガンに拠点をもつ世界有数の自動車部品メーカーのオーナーで、同社は軽自動車用遮光板や自動車用デジタル検温器、それにプログラムで制御可能な車庫自動ドアなどの特許を有している。

十七歳でパイロットの資格をとり、高卒で海軍入りしたエリックは、後に特殊部隊シールズに入隊し、ハイチ、中東、地中海地方やボスニアでミッションについている。こうして世界のあちらこちらに派遣されたエリックは、「部隊にとっていかに最先端の訓練を受けることが難しいか」を思い知らされたという。

「ミッションを達成するためにも、そうした訓練は不可欠だというのに……」。こうしてエリックは部隊所属中から、ブラックウォーター社の構想をクラークとともに温め続けた。そして父親の死をきっかけに海軍を辞め、「それでも軍隊との接点を保ちたかった」ので、アメリカや同盟国の軍隊や法執行機関を対象とした世界第一級の民間訓練施設をつくる構想を実現したのであった。

こうして一九九六年に「ブラックウォーター・ロッジ・トレーニングセンター」がデラウェア州に設立された。最初の一年は仕事といえる仕事はなかったというが、二〇〇〇年十月にイエメン沖で米駆逐艦コールがアルカイダによる自爆テロの攻撃を受けると、一気に流れが変わった。水兵たちに対テロ訓練を提供するという五年間の大型契約を米連邦政府から受注したのである。

CIAを警護する民間人たち

そして二〇〇一年九月の米同時多発テロと対テロ戦争への突入は、同社のビジネスを新たな段階へとステップアップさせる機会を切り開いた。同年十月にはじまったアフガン戦争でタリバン政権が崩壊すると、CIAは同国やパキスタン内にインテリジェンス網を張り巡らし、オサマ・ビンラディンや他のアルカイダやタリバンの残党たちを追跡した。このときにCIAは、なんと工作員たちの身辺警護のためにブラックウォーター社を雇うことを決め、六カ月間・五四〇万ドル（約六億四千八百万円）の契約を同社と結んだのである。

9・11事件を受けてCIAのセキュリティ部門であるグローバル・リスポンズ・スタッフは、急増するミッションに深刻な人員不足に陥り、新たに開設されたカブール支局のスタッフに対する警備要員が足りなくなったためだという。CIAはそれまでも情報収集やその他の秘密活動のために民間企業を雇うことはあったが、現場の秘密工作員たちの警護を民間企業に委託するというのは、その任務の秘匿性からもありえなかった。

その意味でもこの前代未聞のCIA・ブラックウォーター契約は、その後のPMC業界の進む方向を決定づける転換点だったと考えることもできよう。このCIAとの契約を皮切りに、同社のビジネスは劇的に拡大し、いまや押しも押されもせぬ業界最大手にのし上がったのである。二〇〇六年五月時点で、同社は四百名の正社員を抱え、一万四千名の元軍人や警察官の派遣契約者のリストをもち、毎年数千人の米軍人や警察官等が同社の訓練を受けている。

また最近ではフィリピンのスービックベイ旧米海軍基地の跡地に、ジャングル・サバイバル訓練専門の訓練施設をオープンする計画も明らかにしている。米海軍は一九九二年に基地を閉鎖してフィリピン政府に返還しており、フィリピン政府はこの跡地を「スービックベイ・フリーポート」という商業・産業ゾーンとして利用している。ブラックウォーター社はスービックベイの二五エーカーの土地を購入し、隣接するジャングル地帯の利用権も獲得することで、ジャングル訓練専門の訓練場を開設する計画である。

日本人の感覚では「民間企業が軍隊を訓練する」ことなどなかなか想像できないが、欧米では軍の精鋭部隊のOBたちが果敢に起業し、後輩たちの訓練に役立ち、同時に自分たちも儲かる仕組みをつくり上げてきた。こうして本来は軍隊に寄生するかたちで細々と続いてきたＰＭＣが、対テロ戦争、イラク戦争を経て爆発的に成長しているのである。

正規軍の人材不足を補う即戦力

このように特殊部隊出身者を中心にＰＭＣ業界は即戦力となる人材を提供しているが、その背景には、正規軍のマンパワー不足という深刻な現実がある。イラクで新イラク軍の教育訓練にかかわっているある米軍関係者が、ＰＭＣの役割について以下のようなメールを送ってきた。少し長いが引用してみよう。

「私はヴィネル社による新イラク軍の訓練がいかに素晴らしいかを毎日目にしている。イラクでは米軍人の数が圧倒的に不足しており、もしわれわれがこのイラク軍の教育・訓練をもやらなければならないとすると、適任者の不足という事態に陥るだろう。同社のインストラクターたちが提供している訓練のレベルは非常に高く、一般の州兵レベルの兵士たちが、デルタやグリーンベレーやシールズの元精鋭たちから訓練を受けられるなんて大変貴重なことだ。……ＰＭＣがイラクにいる最大の理由は、ここにいるすべての非武装の文官や民間人たちが、ハイレベルのセキュリティを切望していることにある。私たち軍人は彼らの身辺や車列まで定期的に守ることはできない。でも彼らはセキュリティを求めているのである。……外国における軍事作戦においてはＰＭＣの役割が必要とされるスペースが必ず存在する。多くの国民は彼らのあいだにしっかりとしたルールが存在し、彼らのほとんどが本物のプロの軍人たちであることに気づかないだけである。彼らは、皆が朝会社の入り口で見かける居眠りしている太ったガードマンなどではない。彼らは特殊部隊のメンバーや軍のエリートだった人たちである。彼らはイラク国中を走り回る自警団のような存在ではなく、わが軍に必要な支援をしてくれているのである」

この軍人が認めているように、戦争後のイラクでは、有能な治安部隊がない中で、イラク全土にある政府関連施設やそこで働く政府要人の警護をはじめ、電力プラント、石油施設、水道施設などの生活インフラ施設の警備を誰かがやらなくてはならない。また食料をはじめさまざまな機材などの物資を危険な中で輸送しなくてはならず、この警備にも膨大な人員が必要になっている。このように守るべきものが山ほどあるにもかかわらず、米軍やその同盟国が派遣する軍隊の数は限られているため、ＰＭＣに仕事が回ってきているのである。

またイラクでは、警察官の訓練をはじめ、警察機構という組織全体の再編や新しい司法制度の導入など、大がかりな国家機構の再編が行なわれている。そこで国家再建という巨大なプロジェクトの中で、軍事的技能をもつ人材だけでなく、言語や文化、法制度の専門家などさまざまな分野のエキスパートが不足しており、ＰＭＣがそうした幅広い人材をリクルートし派遣する役割も担っている。

ＰＭＣの求人サイトを見ると、イラクにおいてはインテリジェンス分析の専門家やアラビア語の通訳それに警察犬の指導員など実にさまざまな人材が求められていることがわかる。政府だけでまかなえないこのような多種多様な人材を、ＰＭＣが政府の代わりに調達しているのである。

究極の使い捨て兵士

もし仮にあなたが、軍隊や警察や情報機関での輝かしい実績をもち、ＰＭＣで職を得てイラクのような危険地帯で働きたいと思っているとしたら、いったいどのようにして「危険ビジネスの請負人」になることができるのだろうか。

一番いいのは現役時代の先輩やＯＢなどのネットワークを使って直接ＰＭＣに紹介してもらうことだろう。イギリスやアメリカなどのＰＭＣ先進国ならば、業界の関係者にコネクションをもつＯＢなどにコンタクトするのは比較的容易だろう。

またアメリカには、ＰＭＣで職を探している人を対象とした専門の求人サイトも多数存在する。たとえばその名も「デンジャーゾーンジョブ（危険地帯の仕事）・ドットコム」というサイトを覗いてみよう。有料の会員制のサイトだが、最新のＰＭＣ業界に関係する情報から求人情報や主要企業のバックグラウンド情報まで、ＰＭＣに関する情報が満載である。登録をすれば最新の求人情報をＥメールで配信してくれる。ほぼ同様のサービスを「プライベートフォース（民間軍隊）・ドットコム」も提供している。

たとえば二〇〇五年十一月二十八日のデンジャーゾーンジョブ・ドットコムは、米ブラックウォーター社の警備要員の求人広告を掲載していた。それによると、ブラックウォーターUSAは、高度に専門的な技能をもち数年間の海外での実務経験をもつ人物を探しており、応募資格は米国民であること、現在も秘密保全許可をもっていること、イラクやアフガニスタンのような脅威度の高い環境下で広範な経験をもつこと、とされていた。

このとき求められていた具体的な職種は三つで、「調整連絡官」「VIP警護訓練の教官」そして「訓練部門の責任者」であった。「調整連絡官」は、「イラク政府当局、連合軍、そして米政府当局者間の連絡係として機能し、訓練や野営地の管理運営をイラク政府に移行していく上で重要な役割を担うものである」とされていた。

具体的な資格としては「米国民のパスポートを有する、健康で海外旅行ができる、最低五年間、軍隊か警察の特殊部隊の指導的地位についた経験をもち、アラビア語に堪能で、軍隊および国務省で特別警察および警護サービスに最低三年間ついたことのあるもの」とされている。

また「VIP警護訓練の教官」は、イラク治安部隊の訓練を担当し、米国パスポート保持者、健康で海外旅行ができる、国務省外交警備局の経験者、もしくは米シークレットサービスかそれと同等のポジションについた経験があり、最低三年間危険地域で特別警護サービスに従事した経験をもつ、という厳しい条件がついている。

最後の「訓練部門の責任者」は、イラクで行なわれている訓練業務全体の監督責任者であり、財務やロジスティックスを含めたプロジェクト全体の管理を受けもつ。米国パスポートや健康面に加え、この業務の応募資格は、「最低三年間の脅威度の高い海外での要人警護経験」や、「高度に専門性の高い訓練組織で教官もしくは顧問として指導者や管理者の職についた経験のあるもの」となっていた。

また米ダイン・コープ社は、米国が現在必死になって進めているイラク治安部隊の育成事業に深くかかわっているが、二〇〇五年三月に次のような求人広告を出していた。

「米国務省国際麻薬取締・法執行局に代わり、ダイン・コープ・インターナショナル社は、戦後のイラクに警察機能を再建しようという国際的な努力に参加するに相応しい経験と専門技能をもつ個人を求めています。応募者は現役または退役の警察官であり、米国籍をもっている方に限ります。興味のある方は以下のフリーダイヤルまでご連絡ください」

応募資格は、

・米国籍をもつこと

・法執行の仕事に最低八年間ついた経験のあること

・現役または退役した法執行機関の職員であること
・米国境警備隊経験者も応募資格がある
・英語でコミュニケーションがとれること
・有効な米国の運転免許証をもち、標準的なミッション車の運転ができること
・非難されるべき過去のないこと（犯罪歴がないこと）
・健康状態が優良なこと
・有効な米国パスポートをもっていること
・特殊技能に関して二年間以上の経験があること
・九ミリのオートマティック・ピストルの取扱資格をもっていること

となっている。さらに詳細な説明を読むと、「最高で千名の民間人警察顧問がイラクに派遣され、イラク人が機能的な法執行機関をもつことを手助けすることになっております。イラクの全国レベル、州レベルもしくは地方自治体レベルで、司法組織再建のためにあらゆるレベルの法執行制度に関するアドバイスをすることが期待されております。契約期間は一年間。これは武装して私服で行なわれるミッションです」となっていた。

こうした求人サイトだけでなく各ＰＭＣのウェブサイトを見てみれば、たいてい求人のコーナーがあり、随時人材を募集している。申込書に記入して履歴書を送付すれば、あなたはそのＰＭＣのデータベースに登録され、必要に応じてその会社のリクルーター

から連絡を受けることになるだろう。

「請負人」たちの報酬は、前述のダイン・コープ社の警察顧問の場合、年間一二万ドル(約千四百四十万円)となっていた。これはアメリカの平均的な警察官の給料が年間三万ドル(約三百六十万円)から四万ドル(約四百八十万円)程度で、多くの警察官がセカンドジョブをもっていることから考えても、非常に魅力的な金額であろう。

といっても一概に「相場」をいうのは難しく、派遣される地域の危険度、業務の内容、請負人それぞれの経験やそのプロジェクトでの役割によって報酬は大きく異なってくる。欧米の特殊部隊出身者は一日一〇〇〇ドル(約十二万円)から一五〇〇ドル(約十八万円)くらい稼ぐといわれており、ハート・セキュリティ社の斎藤さんは当時一日六〇〇ドル(約七万二千円)の報酬だったといわれている。

メディアはこうした請負人たちの報酬を「高すぎる」として批判する傾向が強いが、文字通り命がけの仕事であることや、彼らが通常三カ月働いて一カ月休むというパターンで働いていることから考えると、べらぼうに報酬が高いとは決していえないだろう。たとえ彼らが一日六百ドルを稼いでいたとしても、一日二十四時間、一週間七日間勤務という過酷な労働条件である。しかもボーナスもなければ年金もなく、将来の雇用の保証も何もない、まさに一回きりの支払いに過ぎない。

こうした個々のオペレーターたちにとってのメリットよりも、雇う側の軍当局にとってのメリットのほうがはるかに大きい。長期的な保険、年金、訓練やその他の正規雇用者への医療保障等々を考えれば、PMCのオペレーターたちに支払うのは必要なときだけの一回きりに過ぎない。必要なときに必要な分だけ支払えばその後の面倒は見る必要がない。PMCの武装警備員たちは、まさに「究極の使い捨て兵士」だともいえるのだ。

また、欧米の一流コンサルティング会社や法律事務所のコンサルタントと昼食をするだけで一回日本円にして五万円くらいとられるのが普通である。芸能人が一回のテレビ出演でいくら報酬をもらうのか、銀座の高級クラブで一回飲むといくらかかるのかなどを考えると、死と隣り合わせの危険ビジネスの請負人たちの給料が高いとは私には思えない。

あなたが職を得たPMCが「まともな」会社であれば、イラクなどの危険地域に派遣される前に、事前準備のための訓練に参加することを義務づけているだろう。業務の内容に応じて数時間の研修で終わるものから、数日間から一カ月ほどの訓練が必要になることもある。

内容としては、戦闘地域の状況説明から身体検査、パスポート検査、生命保険や振込先銀行の登録などの事務的な事柄から、派遣される国の文化や生活習慣に関する講義、自衛・防衛のための対応訓練、禁止事項・制限事項の確認などが含まれる。この禁止事項の中でもとくに守らなくてはならないのが、正規の軍人と間違えられそうな迷彩服のような服は絶対に着てこないというものである。軍人と見分けがつかないような格好をしていれば、ジュネーブ条約のもとで「非戦闘員」として保護される権利を失ってしまうからである。

この事前訓練では、テロリストの最近の戦術に関するレクチャーがなされ、たとえばテロリストがＰＭＣの武装警備員を一人拘束すればその報酬として五万ドル（約六百万円）支払うと発表しており、誘拐・強盗団たちが請負人たちを狙っていることなど、現地で待ちかまえている任務が危険の伴う困難なものであることを知らされる。テロリスト側の目的はこうして獲得したＰＭＣの請負人たちの首切り処刑の現場をビデオで撮影し、インターネットやアルジャジーラで放送して欧米の人々を怯えさせ、イラクから撤退させることなのだ、と首切りビデオを見せながら説明がなされる。この時点で考えを変えて帰宅するものも少なからずいるという。

自衛・防衛のための対応訓練では、小火器による射撃訓練、車列エスコート警護の訓練、要人などの警護訓練、通信訓練、近接戦闘訓練などが行なわれる。また防衛運転訓練も定番メニューであり、路上で襲撃に遭った場合の緊急避難のための運転法や、通常の自動車の運転とは異なる防護自動車の運転法などを学ぶことになる。

こうして派遣前準備の訓練では、イラクで待ち受けているリスクに関する情報が提供され、それについての対処法も訓練する。この間に考えを改めて帰宅するものも相当数出るといわれており、最終的には想定されるリスクと報酬を比較した上で、自分自身で仕事を受けるかどうかの決断を下すことになる。まさに「自己責任」がこの世界の常識である。

イラク警察の教官をつとめた米国人元女性警察官

イラクでＰＭＣが請け負っている多種多様な業務の一つに、新生イラク政府の国軍や警察を育成するというきわめて重要なミッションがある。政治学を学んでいる学生たちは、おそらく一年生のころに「国家」の定義について学んだはずである。国家の存立要件としてもっとも重要な要素は「暴力の独占である」と。

イラクでは宗派ごとにそれぞれ民兵という「暴力機構」を保有しており、反政府武装勢力や外国からのテロリストなどの「暴力集団」が跋扈している。「暴力を独占」していなくてはならない国家の警察は、皮肉にも反政府勢力から「ソフトターゲット」と見なされて攻撃の対象にされている。こんな状況では国家が機能しうるはずはなく、軍や警察や司法機関など治安機関の育成が、イラク安定化の鍵を握っているといって過言ではない。

このような重要なミッションを、ＰＭＣが請け負っているわけである。具体的には、米国務省が進めている国際犯罪捜査警察訓練プログラム（ＩＣＩＴＡＰ）の一環として

PMCがヨルダンやイラクのポリスアカデミーで警察訓練を行なっている。このプログラムの下で約四百名のアメリカはじめ先進国の元警察官たちが、四週間から十週間の訓練コースの教官をつとめているのである。

コースの内容は、基本的な警察官としての技能や看守の訓練、それに上級指導者向けの訓練など多岐にわたっており、ヨルダンのアカデミーからは四半期ごとに千六百名、バグダッドのアカデミーからは四半期ごとに四千名の卒業生が誕生している。

メンフィス警察で二十年以上のキャリアをもつドナ・カーンズが、自分の経験を若いイラク人たちに伝えるためにヨルダン行きを決めたのは、ごく自然の成り行きだった。

ドナはメンフィス警察で十五年間制服の警察官としてつとめ、四年間は私服の麻薬捜査官、そして八年間を暴力犯罪捜査官として過ごした。しかし現場の捜査官から管理職に移り、ひたすら引退後の余生の心配ばかりしている上司の愚痴を聞かされる日々に飽き飽きし、警察官としてのモチベーションを失いかけているときに、たまたま同僚の一人が警察を辞め、ダイン・コープ社と契約して、ボスニアで警察官の養成に携わるという話を耳にした。はじめて知ったダイン・コープ社という名前。紛争後の国造りに警察官としての経験を活かせる……。

ドナにとっては何もかもが初耳で、しかもそれまで考えてもみなかった夢のような話だった。「私もダイン・コープで働いてみたい」。そう思い立ったドナはすぐに同社に履歴書を送り、返事を受けとる前にさっさと警察に辞表を提出してしまったという。

彼女が一年間派遣されたのはクロアチアとセルビアの国境近くの東スラボニア地方であり、この地域の文民警察人権調整官として、両民族の主張の正当性を調査し、クロアチア人がセルビア人の人権を、またセルビア人がクロアチア人の人権を蹂躙しないように監視・調整するのが任務だった。

一年間の充実した経験の後に帰国したドナは、すぐに今度はコソボに行かないかとダイン・コープ社から誘いを受けた。同じ警察官だった夫はドナの働きを誇りにし、コソボ行きにも理解を示したが、コソボでの新たなミッションについている四カ月のあいだに、夫はドナの元同僚と浮気をし、結婚生活は破綻してしまったという。

コソボでの計一年間のつとめを終えて帰国したドナは、西テネシーの地方検察にある暴力犯罪および麻薬取締チームに加わった。が、PMCの世界で味わったプロフェッショナリズム、使命感、友情と絆は、ドナが警察の職場では決して経験したことのなかったものだった。ドナは目的意識をもってエキサイティングな仕事ができるPMCの世界がすぐになつかしくなった。

こんなときに役に立つのはクロアチアやコソボでの仕事を通じて築き上げた国際的なネットワークである。ドナがこのネットワークにSOSを送ったのは二〇〇四年。すでにイラク戦争は第一幕が終わり、苦しい占領期に突入していた。このころ、復興ビジネスの関係者のあいだで話題になっていたのは、「アメリカがイラクのポリスアカデミーをハンガリーに建設するかもしれない」という話だった。

結局ハンガリー政府とは折り合いがつかず、代わりにヨルダン王国にアカデミーが建設されることになった。イラク人の警察官候補者がアンマンに続々と集まる中、ドナはサイエンティフィック・アプリケーション・インターナショナル（ＳＡＩＣ）社という変わった名前のＰＭＣと契約を交わし、中東へ飛んだ。

ヨルダンのアカデミーで行なわれているイラク警察幹部候補生向けの訓練は、四週間の一般的な警察・法執行にかかわるテーマ、たとえば「民主国家における警察の役割」「男女平等問題」から「テロ対策」などまでの講義と、後半の四週間は実践的な戦術訓練、すなわち「射撃訓練」「防御戦術訓練」「戦術的運転技術訓練」「警察官のサバイバル術」などで構成されていた。

ドナがアカデミーに派遣されたのは、同校が開設されて三カ月ほどたったころだった。当初ドナは、イスラム社会における女性の地位の問題から、アラブ人の男たちを教えるのは難しいのではないかと考えていたが、実際にはイラク人のアラブ人女性を見る目と、欧米の女性を見る目が全然違うことに気づいたという。とりわけアメリカ人の女性警官は、ハリウッド映画のお陰で、「格闘技にすぐれた男勝り」というイメージが固定化されていたため、授業を進める上での秩序を保つのは難しくなかったという。

ドナは「イラク人の候補生たちの訓練は、生涯忘れることのできない経験となった」と当時を振り返る。「彼らにとって最大の課題は、自らの意志で考え行動することだった。彼らはいつも決断を下すことを恐れていた。これまで彼らの社会にあったのは、「これをやれっ」と言われたことだけをやるということだった。自ら考えてイニシアティブをとることは、上司による虐待につながり、それが原因で殺されることもあった。だから彼らは意見を言おうとしない、質問をしようとしない、責任を負うことを恐れるのだ。しかし有能な警察官になるためには、瞬時に決断を下し行動できるようにならなくてはならない。そして自ら能動的に警察活動をしなくてはならない。いつも別の警察官の指示を待っているようではこの仕事はつとまらない」とドナは述べた。

イラクの文化、宗教、そして社会生活に刷り込まれ、すでにDNA化されたイラク人の考え方を変えなければ、効率的な警察組織は生まれない。ドナが警察訓練を通じて直面した問題は、「中東民主化」という大構想を掲げてイラクの民主化に突き進んだアメリカが現在直面している問題と本質的に同じである。

ドナが教えたイラク人警官の中には、その後イラクに帰って反政府武装勢力やテロリストの手によって無残に殺された者も多くいる。またせっかくアカデミーで学んだことも、サダム時代の腐敗と職権乱用の警察しか知らない上司たちから否定され、圧力を受けながら過ごす者も多いという。

ドナは、「自分たちは民主主義の種を蒔いたのだ。それがいつか芽吹くときが必ずくる」と信じてヨルダンを後にしたという。

米軍を助けるイラクのトラック野郎

米陸軍に兵站支援サービスを提供しているアメリカのエンジニアリング大手ケロッグ・ブラウン&ルート（KBR）社は、イラクにおいて大きく分けて二つの事業に取り組んでいる。一つは営舎の管理・運営、食料供給、水の供給、下水処理などあらゆる機能を含んだ基地の支援サービスであり、もう一つは陸軍に対してガソリン、石油、ガス、スペアパーツや弾薬など戦争遂行に必要なあらゆる物資を供給することである。

KBRの親会社であるハリバートン社は、二〇〇四年の総収入の三分の一以上にあたる七一億ドル（約八千五百二十億円）を、イラクにおける米政府との契約で稼ぎ出していた。またアフガニスタンやバルカン地域などその他の地域における米政府との契約額は、この他に九億ドル（約千八十億円）に上っている。一九九〇年から九五年までのあいだで、同社は米政府と平均して年二億四〇〇〇万ドル（約二百八十八億円）しか稼いでいなかったので、ブッシュ政権下の対テロ戦争で、同社がどれだけ多くの仕事を得たかが一目瞭然だ。

アメリカによるイラク占領が続き、治安の悪化が進むにつれて、イラク全土の米軍に弾薬や水、戦車や軍用機のスペアパーツや燃料や医薬品や食料など戦争遂行に不可欠な物資を輸送するKBRの業務は、反米武装勢力による妨害活動の主なターゲットの一つとなり、著しく危険度の高いビジネスとなっていった。

ピーク時には毎日七百台のトラックをイラク全土に展開させたKBRは、道路脇に仕掛けられたIED（手製仕掛け爆弾）や自爆テロ、小火器による襲撃など、ありとあらゆる武装勢力の攻撃に晒され、明らかになっているだけで六十三名の死者を出した。

KBRは、運転手には防衛運転、危機回避運転、IED対策、緊急時の通信方法や救急救命法などの事前訓練を受けることを義務付けており、脅威分析やルート選定などでは米軍の協力を得て安全対策には最善を尽くしていると主張するが、防弾措置を施したトラックが不足しているなど、運転手の安全対策の不十分さを指摘する声は根強い。

イラクでもっとも危険な仕事の一つといわれるトラック輸送を請け負う「トラック野郎」たちはいったいどんな思いでこの仕事にのぞんでいるのだろうか。二〇〇六年五月に全米公共ラジオ（NPR）が、元KBRのトラック運転手へのインタビューを中心に、「戦場のトラック輸送」の特集を三回にわたって行なっている。この特集を参考にして、トラック野郎たちの姿を追ってみよう。

テキサス州アングルトン出身のスコット・ホッジ（四十二歳）は、二〇〇四年二月から〇五年五月までイラクでKBRの荷物を運んだ。「僕はもともと冒険が好きだし、お金がとにかくよかったからね。それに他では絶対にできない仕事だと思ったし。そういう仕事をやったもの同士は本当の兄弟になれるものだよ。……キャンプ・アナコンダに滞在中に毎晩のように六〇ミリ迫撃砲による攻撃を受けた。小型テントの外に出て迫撃砲やロケット弾が上空を飛び交うのを見たのは忘れられない経験だ」

同じくテキサス州出身のオースチン・ダン（五十二歳）は、二十年間トラックの運転手をつとめているが、かつてゴールドラッシュの時代にネバダ州の金鉱山で働き、ベトナム戦争では二年以上空軍に入ったこともある。そんな冒険好きのダンは、二〇〇四年一月から十二月までKBRのためにイラクでトラックを動かした。

「イラクでの一番の思い出は使命感であり、一緒に与えられた使命のために働いた仲間たちだ。われわれは本当にこの使命感のために固い絆で結ばれた。その緊密度はベトナム時代を思い出させるほどだった。なんでイラクに行ったかって？ 年俸一〇万ドル（約千二百万円）の金目当てに行ったと思うだろう？ ……俺がもう少し若かったらイラクに五年はいただろうが、歳をとるにつれて機会は減っていく。俺はもう五十二歳だったからこれは自分にとって最後のチャンスだといっていい。

あっちに行ってしまえば普通のイラク人との付き合いがはじまる。彼らがどんな風に生活をしているかがわかり、彼らが、とくに子どもたちが手を振ってくれるのに出会う。こうした触れ合いに何も感じないとしたらあそこに行く意味はない。たしかに給料は高いが、金以外にもこういう仕事に携われば死ぬほどたくさん感じることがあるんだよ。……ああいうところにいると、人は自然と信仰深くなるもんだ」

こう語ったオースチン・ダンは、トラック運転中にIEDにやられ、その爆風でフロントガラスが粉々に割れ、両目を損傷した。さらに首と背中を襲う衝撃で気を失った。一命は取り留めたものの、首と腰の手術を受け、その後も両手は親指まで痺れ、歩行にも影響が出た。イラクでの経験はダンの生活を一気に変えることとなり、彼は現在、五年、十年後の将来に大きな不安を抱えて暮らしている。

ロジャー・ディクソン（五十二歳）はテキサス州スタンフォード出身で一九七六年から八〇年まで陸軍につとめた。イラクには二〇〇四年六月から〇五年五月まで行っており、イラク行きの理由は、「他の皆と同様、報酬がよかったからだ。でもいったんあそこに行ってしまい、イラクの子どもたちの姿を見ると、いつかは彼らにいいことをしなくてはと強く思うようになる」と述べている。

「KBRはわれわれに一度もウソは言わなかった。最初からわれわれは戦場に行くのだと聞かされていたし、あそこでは外国人は殺される対象であること、撃たれ、爆弾で吹っ飛ばされることを教えられた。IEDの仕掛けワイヤーをどう見分けるかを前もって教えてくれたし、何一つ隠そうとはしなかった」と証言し、KBRが運転手たちにイラクにおけるリスクを知らせずに現地に送っているのではないかとの疑いを否定した。

ディクソンもＩＥＤを経験し、同僚を失った。このＮＰＲの番組では五人の元トラック運転手にインタビューをしているが、全員ＩＥＤによる攻撃や小火器による襲撃を経験している。たしかに高い報酬がイラク行きの大きな理由だが、金以上の理由をもって危険を承知でイラクに渡った人が多いのだ。

イラクにおけるＰＭＣの活動ルポを書いたシューマッカー元大佐も、実際にＫＢＲのトラック運転手に同行取材をしており、その中で非常に愛国心の強いトラック野郎たちの姿を描いている。クウェートの米軍基地からいざイラクに車列を組んで出かける前に、護衛をつとめる海兵隊員を囲んで運転手たちが集まり、神に祈りを捧げ、「何がなんでもこの郵便物を兵士たちに届けるのだ」とすさまじい気迫と使命感で戦場に飛び出していくさまが描かれており印象深い。

ＫＢＲのヴァイス・プレジデントであるチャールズ・ストーニー・コックス氏も、米議会公聴会での証言で、「このような危険なミッションを、われわれは金のためだけにやっているわけではないのだ」と訴えている。「われわれの従業員はただ金が欲しいだけでイラクに行っているわけではない。もちろん高い報酬を得るのは目的の一つだ。だが彼らのうちの六〇パーセント以上が元軍人たちである。彼らは金以上の理由でこの仕事についている。彼らは軍を離れたけれど、軍隊の近くにとどまりたいと思っている」と述べている。

米軍の後方支援は、こうした多くの軍ＯＢを中心とする強力な愛国心に駆られたアメリカの民間人たちに支えられてきた。ＰＭＣはある意味で軍の別働隊となってこうした人材の受け皿を提供しているのである。

しかしイラクの再建事業は、こうしたアメリカ人たちの手だけではとうてい負えない巨大なプロジェクトである。この人手不足を補うために、世界中から労働者がイラクに集まっている。しかも復興のための経費削減の圧力が強まるほどに、安い労働力として第三世界から働き手を調達しようという動きに拍車がかかっている。途上国側からも、経済の原則に従って、仕事を求めて危険を顧みずにイラク渡航を試みる労働者は跡を絶たない。

南アフリカの元軍人や情報機関員、それに元警察官などは、イラクに総勢千五百人程度いるといわれているし、インド人も最低千五百人はいることが確認されている。その他にもネパール、チリ、コロンビア、ウクライナ、イスラエル、フィジー、パキスタン、アルジェリア、フランス、セルビア、ロシアなど文字通り世界中から人材が集められており、元軍人たちによる「多国籍軍」ができている。

以下、こうした外国人労働者たちの姿を追ってみよう。

イラク特需に沸くフィジー

フィジーの軍人だったプアマウが結婚式を挙げたのは、米軍がイラクの泥沼にじわじわとはまりはじめていた二〇〇四年五月のことだった。その一週間後に、プアマウは愛する妻にしばしの別れを告げ、フィジーのスバから、遠く離れた新しい職場、イラクのモスルへと旅立った。世界でもっとも危険な国イラクの町でトラックや石油タンカーの輸送警護をするためである。

「自分の軍人としての経験をもってすれば、イラクの危険などさほどのものではあるまい。それに引き換え報酬の額は莫大だ」

プアマウのような多くのフィジーの元軍人たちがこう考え、英国のＰＭＣグローバル・リスク社の求人に応募した。同社は毎月の給料として一五〇〇ドル（約十八万円）を支給するが、これはフィジー国内でガードマンをやって稼げる額の十倍に相当する。

「六カ月イラクでがんばれば母国で一生不自由なく暮らすことだって夢ではない」。プアマウがこのように考えたのも無理はない。そして彼と同じように考えて同じ道をたどるフィジー人は跡を絶たない。イラク復興に携わる民間企業はどこも人手不足であり、逆にフィジー人は仕事を必要としている。需要と供給、両者の利害がぴったりと合ってしまうのだ。

グローバル・リスク社は二〇〇三年七月に、フィジー人の元軍人たちをリクルートする目的で、スバに会社を設立した。それから十八カ月のあいだに千人を超えるフィジーの元軍人たちを雇い、イラクに派遣したという。このうち三人がイラクで命を落とし、一人が重傷を負った。同社現地法人の社長はしかし、「こうしたリスクがあるということを、応募者は皆理解しているはずである」と述べるにとどまる。

応募するのは元軍人だけではなく、現役の軍人たちがイラクでの職を求めて軍を辞めるケースも増えている。実際、フィジー軍では毎年百名のペースで軍を離れてこのような民間PMC市場に人材が流れているといわれている。

そしてこうした元軍人たちの成功は、やがて他の業種にも拡大していく。

二〇〇四年十一月には、メリディアン・サービス社が設立され、トラックの運転手、機械工、倉庫管理者からIT技術者まで、さまざまな業種の人材をリクルートしはじめたのである。フィジーで募集されたこうした労働者たちは、クウェートを拠点とする公共倉庫会社（PWC）の職員として、イラクに冷凍食品から自動車や建設資材まであらゆる物資を輸送する業務につくことになっていた。

彼らの給与は平均して月一七〇〇ドル（約二十万四千円）からはじまるというから、警備業務に引けをとらない。当然フィジー人からの反響はすさまじく、メリディアン社はたちまち九百人の労働者をクウェートに送った。さらにフィジーの村々を回って募集をかけると、翌年三月までに四千名がウェイティング・リストに名を連ねたという。二〇〇五年初頭の時点でPWCはじつに一万五千人のフィジー人を雇っている。

フィジーの労働省は思いがけない雇用機会の出現に笑いが止まらないようだ。「われわれは非常にハッピーである。わが国の深刻な失業問題解消に役立つし、彼らの送金からの税収も増える」と労働省のタイト・ワクア氏は率直に述べている。

こうした海外労働者たちが本国へ送金する額は、二〇〇三年から二〇〇五年の二年間で二八パーセント上昇し、一億七九〇〇万ドル（約二百十四億八千万円）に達し、そのうちの半分はイラクからのものだという。イラク戦争が思わぬかたちでフィジー経済に特需をもたらしているのである。

対テロ戦争最前線で奮闘するグルカ兵

「グルカ」と聞いてピンとくる人は相当の軍事通か、大東亜戦争史に通じた人であろう。グルカ兵とはネパールのグルカ族出身者で構成される山岳戦、白兵戦に長けた戦闘集団で、大東亜戦争時にはイギリス軍の配下にあって日本軍と戦ったこともある。

そのグルカ兵が、対テロ戦争の最前線であるイラクやアフガニスタンで、PMCの武装警備員として活躍している。正確な数字はわかっていないが、イラクだけで七千人近くのグルカ兵が武装警備にあたっているといわれている。

今年三十歳になるビージェーの話は、彼と同じく出稼ぎ兵士として世界の紛争地で黙々と働くグルカ兵の典型的な例である。ビージェーの祖国ネパールは、世界最高峰のエベレストがある国として世界の登山家に愛されているが、経済的にはアジアの最貧国の一つで、国内の産業が少ないため男性の多くが国外に出稼ぎに出なければならない状況にある。しかも最近では毛沢東主義者《マオイスト》と呼ばれる共産主義勢力が政府に対する武装闘争を激化させており、市民を巻き添えにしたテロがエスカレートしている。

グルカ戦士の血を引くビージェーは、祖父や父と同じく軍人としての道を歩み、若くしてネパール軍に入隊した。真面目なビージェーは熱心に訓練に励み、軍人としての技能を高めていったが、ある事情から軍隊を辞めなければならなくなった。マオイストを名乗る民兵集団が、ビージェーの家族が住む地域で勢力を強め、ビージェーが軍隊を辞めなければ家族に危害を加えると脅したのである。マオイストは優秀な軍人を見つけてはネパール政府軍を辞めさせて自分たちの民兵に加えるか、もしくは政府軍を辞めさせてその戦力低下を狙うのだった。ビージェーはやむなく軍を辞めたが、マオイスト集団に加わることも拒否し、兵士としての腕一つで出稼ぎに行く道を選んだのであった。

ちょうど米軍がバグダッドを陥落させた後、苦しい占領期に突入し、ＰＭＣが世界中から腕の立つ元兵士を集めていた。家族を養うため、ビージェーはイラク行きを決意した。当時ビージェーには一歳二カ月になったばかりの息子がいた。妻はビージェーのイラク行きに泣きながら反対したという。

「大丈夫だ、心配するな。神様がこの幼子を守ってくれるのだとすれば、絶対に俺を死なせるようなことはしないはずだ。絶対生きて帰ってくるから」。そう言って妻を説得したのだ、と話すビージェーの目には涙が一杯になっていた。

こうしてビージェーはイギリスのあるPMCの求人に応募し、イラク南部の都市バスラで英国大使館の警備の仕事についた。愛する妻とかわいい息子と離れて、ビージェーは二年間にわたりイラクで歯を食いしばって働いた。

「出稼ぎに行っているグルカ兵たちは、皆俺と同じような問題を抱えている。誰も好きでこんなところに来ないよ」。イラクで二年間のつとめを終えて帰国した後、ビージェーは今度はアフガニスタンのカブールで米軍基地の警備の仕事についている。

黙々とプロフェッショナルに仕事をこなすがゆえにPMCに重宝がられているグルカ兵だが、彼ら一人ひとりにこのビージェーのようなストーリーがあるのだ。

フィリピン人労働者の悲劇

家族を貧困から救い出すためにイラクへ出稼ぎに出たレイ・トーレスは、同じような思いでイラクへ渡る数多くのフィリピン人のうちの一人だった。ただ違ったのは、彼が多くのフィリピン人出稼ぎ労働者とは違い、生きて故郷の地に帰ることができなかった点である。

二〇〇五年四月十七日、イラクの武装勢力が三十歳のトーレスが運転するトラックを襲撃し、PMCの武装警備員を含むトラック輸送に携わったメンバー全員の命を奪ったのである。トーレスは襲撃に遭う直前に妻にあてて手紙を送っていたという。「もうすぐお金をそちらに送ることができる。そうすれば親族全員にそれぞれ米を五〇キロ買ってあげることができるね」と手紙には記されていたという。五人の子の父親であったトーレスは、イラクで月三五〇ドル（約四万二千円）を受けとる契約をしていたが、この額は母国の家族を貧困から救い出す上で大いに役立つはずだった。

数日後、別のフィリピン人マルセロ・サラザール（四十六歳）も、イラクで米軍トラックの運転中に武装勢力に襲われて死亡した。同じ週にはバグダッド国際空港に向かっていたフィリピン人五人が襲撃を受け、そのうち二人が重傷を負う事件も発生した。この五人は当初、ヨルダンで勤務するとの約束をしていたはずだったのが、ヨルダンに着いてみると本当の行き先はイラクにあるアル・アサドとタジの米軍基地であることを知らされ、渋々イラクに渡った。しかし、絶え間なく続く武装勢力による攻撃に耐えられなくなり、とうとうこの五人のフィリピン人は、国へ逃げ帰るためにバグダッド空港へと向かっていたのだった。

イラクでは、この例にあるように事実上の人身売買を行なう悪徳業者も暗躍しており、フィリピンだけでなく多くの途上国の人々が一切の保障なしで危険な任務につかされるという悲しい現実も存在する。イラクでは推定六千人のフィリピン人労働者が、施設の警備、トラックの運転、米軍施設の清掃から兵士たちの洗濯、給食業務などについている。フィリピン人は米軍基地でこのような「なんでも屋」として重宝がられており、米国防総省が契約する外国人としては最大の民族グループである。

イラクでの米軍向け輸送トラックの運転手を普通に米国で雇うとすると、年俸一〇万ドル（約千二百万円）は支払わなければならない。それに引き換えフィリピン人の契約者であれば、月三五〇～五〇〇ドル（約四万二千～六万円）も出せば腕の良い運転手が見つかり、割安である。これは警備要員についても同様であり、米国やカナダ国籍の元軍人たちをイラクで使おうと思えば年俸一二万ドル（約千四百四十万円）が平均だが、元フィリピン軍の戦闘経験者なら年俸四万ドル（約四百八十万円）程度で雇うことが可能だ。国民の半分以上が日当二ドル以下で生活するフィリピンにおいて、危険が伴うとはいえ、はるかに高給が約束されるイラクでの仕事を求める人は跡を絶たない。

米国のイラクにおける対テロ戦争は、こうした貧しい国の労働者の支えがあって成り立っている。最新のハイテク装備をそろえた最強の軍隊も、それを支えるロジスティックスはじつは想像以上に脆弱である。

二〇〇五年五月、イラクのタジにある米軍基地で三百名のフィリピン人労働者がストライキを敢行した。食料があまりに酷く、宿泊施設も粗末で、決められていた時間をはるかに上回る長時間労働を強いられていたからだ。十二人が一組でエアコンもついていない一つの部屋で寝食をともにさせられ、長時間労働に従事させられていた。この状況に怒ったフィリピン人たちが、戦場での労働ストライキという前代未聞の事態を引き起こしたのである。

フィリピン人に限らず、トラックの運転手として雇われるバングラデシュ人、建設労働者として働くパキスタン人、スリランカ人の電力技師など、アジアの低開発国からさまざまな復興事業の担い手がイラクへやってくる。警備の担い手としてもフィジー、コロンビア、エクアドル、スリランカ、ネパールなどさまざまな国々の元軍人たちが、経済の原理に則ってアフガニスタンやイラクで危険なミッションについている。

イラクで警備や警護の仕事に携わる外国の元兵士たちの数は約二万人と見積もられているが、じつにその半数がアジアや南米の出身者である。ブラックウォーター社はチリの元特殊部隊員を雇っており、トリプル・キャノピー社はフィリピンやエルサルバドルで経験豊富な元軍人たちの徴募を精力的に行なっている。

米軍と契約する民間企業が、その働き手としてアジアや南米の低開発国から人員を徴募してくる背景にあるのは、人件費の問題だけではない。たいていこうした国々の働き手たちは、先進国の労働者と違って、ああだ、こうだと労働環境や労働条件に関して不平を言わない傾向が強い。労働者の権利を声高に主張しないという点も、経営者側にとっては先進国以外の人々を雇うメリットだと考えられている。

こうした動きに対して、人材を供給する国の側では、自国民がイラクに出稼ぎに行くことを規制する動きも出てきている。南アフリカ政府は自国民が「傭兵」活動をすることを禁止する厳しい法律を制定しており、ＰＭＣでセキュリティ関連の仕事につくことも「傭兵」行為と見なしており、罰則の対象にしている。

またネパール政府は二〇〇四年に、イラクで自国民が十二人殺害された事件を契機として、イラクへの出稼ぎを禁止する措置をとっている。しかしこうした政府の規制は、南ア人の元兵士やネパール人のトラック運転手等がイラクへ出稼ぎに行くのを防ぐ上ではあまり役に立っていないようである。

同様にフィリピン政府も、自国民がイラクで働くことを禁止する措置をとっている。しかし百万人以上が海外に出稼ぎに行く中で、誰が最終的にイラクで仕事をするのかを事前に見つけて渡航禁止にすることは不可能に近い。クウェートや他の中東の都市に飛行機で飛び、そこから国境を越えてイラク入りし、米国防総省の仕事につくことはきわめて容易であり、実際このような人の流れは政府の禁止措置発表後も変わらずに続いているといわれている。

米政府もいかに米軍がフィリピン人労働者に依存しているかを再認識して、静かにフィリピン政府に対して、イラクへの渡航禁止措置を撤回するように圧力をかけていると も報じられている。

第三世界の人材でコスト削減

「求む！　かつてアメリカの訓練を受けた経験のあるコロンビアの軍人や警察官が千人以上必要です。タフな戦い、反乱軍鎮圧の経験があり、イラクでのミッションに参加したいと思う方を募集しています」

こんな奇妙な求人広告が、あるアメリカの実業家の運営する会社のウェブサイトに掲載された。イラクを中心に米軍と契約する請負業者に人材を供給するジェフリー・シッピーが経営する会社のウェブサイトである。かつて米ダイン・コープ社で働いていたシッピーは、「アメリカ人なら月一万ドル（約百二十万円）は要求するところを、コロンビア人ならば二五〇〇（約三十万円）から高くても五〇〇〇ドル（約六十万円）払えば喜んで仕事についてくれる」「しかも彼らは四十年以上にわたってテロリストと戦ってきた経験をもっており、米海軍のシールズや米麻薬取締局（DEA）による専門的な対テロ・対麻薬訓練を受けた猛者たちだ」とコロンビア人の市場価値を高く評価する。

このような高度な軍事的技能をもった軍人に対する需要は、コロンビア国内よりもむしろイラクのような国外のほうが圧倒的に高い。しかもコロンビアの深刻な経済状況が、こうした高度な技能をもつ軍人たちに、十分な報酬を与えることを妨げていることから、有能な軍人たちが正規軍を辞めて欧米のPMCに引き抜かれる例が増えている。人材流出はこんな分野でも進んでいるのだ。

「彼らのスキルやノウハウをイラクで使うことのどこがいけないのだ?」とワシントンを拠点にする治安コンサルタントのデビッド・スペンサーは言う。「彼らはコロンビアで稼げる以上のお金をイラクで稼ぐことができるのだから、これはコロンビア人にとってもよいことではないか。そして同時にアメリカの会社(PMC)は、アメリカ人に支払うよりも少ない額の給料を払えばいいのだから、これはアメリカの会社にとってもよいことだ」「両者にとってウィンウィン、何も問題はない」と言いきる。これくらい割り切って考えられないとPMC業界ではやっていけないようである。

ネパールと違って、コロンビアには自国民がイラクに出稼ぎに出ることを禁止するような規制はいまのところない。こうした「自由度」も米企業には好都合なのであろう。「米国務省はいまとにかくお金を節約することに異常な関心を示している。彼らがひたすらコスト削減を迫ってくるのだから、われわれとしては第三世界の人材を使って埋めていくしかないんだよ」とあっけらかんと説明するシッピー。他の産業と同様、戦場の資本家にとっても労働力は少しでも安い第三世界から調達するのがトレンドになっている。

　戦闘活動を続ける米軍人たちの姿はテレビ等でも目にする機会が多いが、彼らのイラク駐留を可能にしているロジスティックス支援や、イラク治安回復の鍵を握るイラク治安機関の育成事業などの地味な仕事の多くは、ＰＭＣの戦場の仕事人たちが請け負っている。そこでは無数の元特殊部隊員が特殊技能を売り物にしてビジネスを展開し、国際貢献に価値を見出す元警察官がイラク人警官の育成に情熱を燃やす。また愛国心に駆られて米軍向けのトラックを運転するトラック野郎がいれば、貧しい一家の暮らしを少しでも楽にさせたいと願ってイラクに出稼ぎに行く若者が無数に存在する。

「対テロ戦争」の舞台裏では、このように巨額の金が動き、国境を越えて人が動き、欲望、失望、使命感、達成感、挫折、恐怖、怒り、悲しみなど、ありとあらゆる感情や思いが渦のように人々を巻き込んでいるのである。

　次章ではＰＭＣがイラクで起こした数々の問題を検証し、法律のグレーゾーンで蠢く彼らの問題点を浮き彫りにしていこう。

第5章
暗躍する企業戦士たち

米陸軍の海外活動を支える兵站支援

これまで見てきたように、イラク戦争やその後の復興活動で、PMCはかつてない規模で危険な現場に投入されている。

その背景には、戦争の形態が大きく変化し、正規軍の兵士たちとともに数多くの技術スタッフやさまざまなハイテク兵器システムのサポートスタッフが民間企業から派遣されるようになったこと、ブッシュ政権がイラク安定化のために必要と考えて投入した兵力が極端に少なく、深刻なマンパワー不足に陥り、急遽、民間市場から人材を投入して補わなくてはならなくなったこと、治安情勢の悪化がさらにこの傾向を強めたことなど、さまざまな要因が重なり、PMCの大量投入という前代未聞の事態に至ったのである。

しかも通常であれば戦争が終了して主要な戦闘行為が終わった後の段階でPMCの出番となるところが、このイラクのケースでは、「主要戦闘」が終わったと判断された後から、戦争の第二幕ともいえるテロ・ゲリラ戦闘が激化し、事実上、戦闘行為のなされている真っ最中に復興活動が行なわれるという珍しい事態に陥ったのである。程度の差こそあれ、アフガニスタンでもほぼ同様の現象が起きている。

このようなPMC史上はじめての事態に伴い、さまざまな問題も生じている。空前のPMCバブルが生み出される中で、PMC間の熾烈で過剰な競争が、本来最優先されなければならない「安全管理」を二の次にしてしまい、その結果悲惨な事故を招く例が跡を絶たないのである。二〇〇四年にファルージャで起きたブラックウォーター社社員惨殺事件は、こうしたＰＭＣ間の過当競争による安全管理の杜撰さが生んだ悲劇の一例であった。

この時期、ブラックウォーター社は、ポール・ブレマー文民行政官の警護を請け負い、イラクにおけるセキュリティビジネスを急速に拡大していた。

このファルージャの事件はもともと、米陸軍が米ケロッグ・ブラウン＆ルート（ＫＢＲ）社と「兵站民間補強計画（ＬＯＧＣＡＰ）契約」と呼ばれるロジスティックス支援のための契約を結んでいたことから起きた事件だった。米軍は緊急作戦における兵站面の支援で民間業者に頼ることを、じつは独立戦争以来続けており、兵站支援における民間企業の利用それ自体はとりたてて新しい現象というわけではない。新しいのはその規模が比較にならないほど大きくなっていることと、あらゆる兵站機能の役目が民間に任されるようになっている点である。

一九九〇年代はじめ以来、米国防総省はソマリアやハイチからアフガニスタンやイラクまで、戦闘行動や平和維持活動や人道支援活動など、増え続ける軍事的ミッションでのさまざまな兵站支援業務の要求を充たすために、民間企業とのあいだで数々の兵站支援契約を結んできた。

ＬＯＧＣＡＰはそうした契約の一つで、特定の民間業者が、食料供給や洗濯、宿営や建設など緊急事態時の兵站やエンジニアリング・サービスを一手に請け負って米陸軍を支援するというものである。

冷戦後の一九九一年から九六年まで、米軍は南西アジアやソマリア、バルカン半島における作戦行動でＬＯＧＣＡＰ契約を活用し（ＬＯＧＣＡＰ－１）、一九九七年から二〇〇〇年の東ティモール、コロンビア、フィリピンでの作戦活動においてもＬＯＧＣＡＰ契約によりＰＭＣの兵站支援を受けた（ＬＯＧＣＡＰ－２）。二〇〇二年からイラク、クウェート、アフガニスタン、ジブチ、グルジアやウズベキスタンで展開されている対テロ戦争において、米軍を兵站面で支援している現在のＬＯＧＣＡＰは、「ＬＯＧＣＡＰ－３」と呼ばれ、支援している兵員の規模やカバーしている地域という点から、同プログラムの開始以来で最大規模の支援活動になっている。

このＬＯＧＣＡＰ－３の契約企業である米ＫＢＲ社は、イラクとクウェートでじつに約五万人の従業員を抱え、六十カ所で業務を展開し、米陸軍基地の建設・管理運営や、計二十万人の連合軍兵士の食料、洗濯、上下水道、電力の供給、米陸軍向けガソリンや潤滑油、ガス、スペアパーツ、弾薬その他戦争遂行に必要なあらゆる物資の輸送を手がけている。イラクには同社の契約下で働く民間の契約者が十万人はいるといわれている。

ＫＢＲ社は米軍に対する多様な支援サービスを実施するために、各支援項目、つまりイラクにおける輸送はこの下請け業者、ケータリングならこの下請け、清掃業者ならこことという具合に、世界規模でネットワークを築いている。そしてそれらの下請け企業がさらに業務を下請けに発注するというように、いくつも下請け契約の階層ができてしまうことがある。

ファルージャの悲劇はなぜ起きたか

先述のファルージャでの事件のときも、ブラックウォーター社は、直接的にはクウェートのリージェンシー・ホテルから雇われて警護業務にあたっていた。しかしこのリージェンシーはドイツの食品関連サービス会社であるＥＳＳという会社と下請け契約を結んでおり、このＥＳＳがＫＢＲと契約を結んでいた。つまりＫＢＲがもともと米軍と契約をして物資の搬入を請け負っていたにもかかわらず、ＥＳＳ、リージェンシーを経て最終的にブラックウォーター社に警備の仕事が回っていたのである。

この契約でブラックウォーター社は、米軍向けに台所用品やその他の器材や人員を輸送する際の警護を委託されていた。当然同社はそのための基本的な労働コスト、訓練や装備品や宿泊費用にさらに諸経費を盛り込んだ請求をリージェンシーに対して行なう。リージェンシーはそれに自社の負担する手数料を加えてＥＳＳに請求書を出す。一方のＥＳＳはそれにさらに自社の儲けを上乗せして請求書を出すという具合に、最終的に米国民の税金から支払われる額は数倍にも膨らんでしまう。本来は一日六〇〇ドル（約七万二千円）程度ですむ警備コストが軽々と数千ドルまで跳ね上がってしまうのはこうした構造によるものである。

下請け業者たちがさらに利益をひねり出そうとすれば、抜け道はいくつもある。たとえばこのESSとリージェンシーの契約では、PMCは警備の際に防護車両を使用することになっていたが、リージェンシーとブラックウォーター社の契約ではこの防護車両の義務規定が抜けており、一台二千万円はする防護車両から一台三百万円程度の一般普通乗用車で代用することが可能なかたちになっていた。また本来は六名の武装警備員が二台の防護車両を使って警備をする契約になっていたはずが、最終的にブラックウォーター社は四名の警備員だけで二台の普通車両で警備にあたっていた。末端で武装警備員たちが命がけの仕事を行なうあいだに、文字通りその命と引き換えに巨額の金が途中で誰かの懐を潤していたのである。

さらに運が悪いことに、この警備契約は、当初コントロール・リスクス社が請け負うことになっていたものを、同社が二〇〇四年の三月二十九日付でこの契約をキャンセルしたため、急遽ブラックウォーター社に回ってきた仕事だった。本来同社は事前の訓練期間も含めて一カ月の準備期間をとることにしているが、他社との競争に勝ってなんとしてもこの契約をとりたかったためか、この原則を捻じ曲げて、ほとんど事前準備の時間がないという条件でこの業務を受けることを決めてしまったのである。

しかも悪いことは重なるもので、この警備業務は当初四月二日に予定されていたにもかかわらず、ESSの都合でさらに早まることになり、三月三十日には護送がスタートすることになってしまった。事前の訓練がないということは、これから命がけの危険なミッションに旅立つチームの仲間同士が仲間意識どころか基本的なコミュニケーションさえない状態であり、しかも派遣される地域に関する危険情報をはじめ、基本的な情報さえ伝えられていなかったことを意味する。

本来契約の中に入っていた二台の防護車両もなく、六名のチームが四名に減らされており、脅威レベルを調べるための事前のリスク評価調査もなく、事前のルート調査やその他の関連情報も土地勘もなく、チームとしての結束や仲間意識もないまま、イラクでもっとも危険な場所ファルージャに派遣されたのである。無謀というほかない。ブラックウォーター社の四名の武装警備員たちを待ち受けていた悲惨な結末は、起こるべくして起こった人災だったといえるのかもしれない。

さらに深刻なことは、当時車列を護送してファルージャ入りしたブラックウォーター社の存在を、当時この地域を管轄していた米海兵隊がまったく知らなかったということである。もし当時、海兵隊の指揮官とブラックウォーター社のあいだで何らかの情報交換・調整の仕組みがあったとすれば、事前にファルージャの治安状況に関して米軍からブラックウォーター社に対して警告を出すこともできたであろうし、米軍側も武装したPMCが自分たちの管轄内で何らかの問題に巻き込まれる可能性について事前に備えることもできたかもしれない。

しかし実際にはそのような連絡システムは存在しなかったため、海兵隊側はブラックウォーター社の存在についてまったく知るよしもなく、突如としてファルージャ武装勢力との戦いに巻き込まれるかたちになってしまったのである。ブラックウォーター社の社員たちが惨殺された映像が全米に流されると、米国民の怒りを背景にして、作戦準備の十分でない中で、ファルージャに対する大規模な軍事作戦が命令されたからである。

二〇〇四年十一月には、六千人の米兵と二千人のイラク治安部隊によるさらに大規模なファルージャ攻めが行なわれ、米・イラク混成軍は北からファルージャに攻め込み、ここを拠点とするスンニ派武装勢力と激しい戦闘を繰り広げ、千二百名の武装勢力と約六百名のイラクの民間人を殺害した。米兵の死者も七十名、負傷者も二百名に上る死闘となり、「ファルージャ」という地名は、泥沼化するアメリカのイラク戦争の象徴的存在として、人々の記憶に残されることになった。

しかし、この激しい戦闘のきっかけをつくったのが、ブラックウォーター社の無謀ともいえる車列警護業務に端を発する事件だったことは、すでに人々の記憶からすっかり忘れ去られてしまっている。

後方支援から収容所の尋問まで

これだけPMCに対する需要が高まってくると、過去にはなかったいくつもの問題が生じてくる。その一つは、PMCが契約する民間の請負人のクオリティを維持できなくなっていることである。対テロ戦争以前の状態では、PMCの契約者はそのほとんどが、米英などの特殊部隊に所属した旧エリート軍人たちで占められていた。これは比較的狭いエリート軍人の世界だったため、契約者個人の能力や経験などのいわゆるバックグラウンド・チェックは比較的容易だった。

しかし需要が供給を上回り、米・英・豪・ニュージーランド等先進国の特殊部隊出身者だけではとうてい間に合わず、しかも国籍もさまざまな元軍人たちがイラクやアフガニスタンに集合するようになると、雇われる契約者たちの能力や経験に対する十分なチェックがなされないまま、現場に派遣されるケースも増えていった。

極端にいえば、能力の低い者や外国政府のスパイのような人間が混ざっていてもチェックできない体制になってしまったのである。しかも正規軍の後方支援や防衛的な警備任務だけではなく、これまでは伝統的に諜報機関や軍の情報機関が担当してきた尋問などの情報任務にまでアウトソーシングの波は広がっており、より機密性の高い任務への民間参入が進んでいる。

悪名高いアブグレイブ虐待事件も、そうした過剰ともいえるPMC利用の弊害と無関係ではない。

一昔前まで「尋問官」といえば、南アリゾナあたりにある軍事基地の中にある秘密のスパイ養成学校のようなところで、みっちりと専門的な訓練を受けてから極秘任務につくという印象が強かった。敵のスパイやテロリストの尋問は、彼らの背後にある組織の解明につながる情報を引き出すというきわめて重要な役割であり、高度に秘密性の高い任務である。ところがこのような情報活動の中核的分野にまでリストラの波は及び、二〇〇二年一月までに米陸軍尋問学校の教官は半数に削減され、正規の尋問官の数も大幅に削減されたという。

そうした中で「対テロ戦争」が本格化し、アフガニスタンやキューバのグアンタナモ湾にテロリストの収容所が開設され、無数のアルカイダやその関係者と思われる容疑者がアフガニスタンなどから次々に連れてこられるようになると、米軍は尋問官の人手不足に悩まされるようになった。しかし米政府はこれに対して、軍の尋問学校を再活性化する道をとらず、民間企業に尋問官や通訳の派遣を委託するようになったのである。

ノーベル経済学賞受賞者がつくった会社

そんなトレンドにうまく乗って政府の契約会社として成長した企業の一つが、ヴァージニア州アーリントンに本拠を置くＣＡＣＩインターナショナル社である。

ＣＡＣＩは一九六〇年代にハリー・マルコウィッツとハーバート・カールという二人の米国人によって設立された企業で、このうちの一人マルコウィッツは、なんと一九九〇年に株式ポートフォリオの分散に関する研究でノーベル経済学賞を受賞した有名な経済学者である。現在ＣＡＣＩの事業の三分の二は米国防総省や情報機関との契約によるもので、そのほとんどがコンピュータシステムのメンテナンス、プログラムの開発やネットワークの管理、その他の電子デバイスに関連する業務である。米国務省のＥメールの管理・運営も同社が行なっているという。

ＣＡＣＩの米連邦政府との取引は、同社がユーザーベースのコンピュータ言語を使った戦場シミュレーションプログラムを米軍向けに開発したことがきっかけだったという。その後政府関係の人材派遣を請け負っている中小企業を積極的に買収し、テキサス州のケリー空軍基地やカリフォルニア州のマクレラン空軍基地における人材派遣業務を一手に引き受けるなどして、二〇〇一年から〇三年で収益を二二〇〇万ドル（約二十六億四千万円）から四四〇〇万ドル（約五十二億八千万円）へと倍増させ、従業員約六千三百人を抱える大会社に成長した。

同社の経営陣、役員のリストは、名だたる元軍人・情報関係者で占められており、米国防総省のビジネス委員会の元副議長で米空軍、陸軍、海軍の各大学の顧問などをつとめるマイケル・バイヤー、国家安全保障局（NSA）の副長官だったバーバラ・マクナマラ、元国防次官のアーサー・マネー、それにブッシュ（父）政権時の統合参謀本部に仕えた元空将のラリー・ウェルチなど豪華な経歴をもつその世界の重鎮ばかりだ。

今回問題となった尋問官の派遣業務は、戦地への尋問官派遣から情報活動データベースの設計・保守などに至る広範な情報活動の支援サービスを提供する「インテリジェンス・サービス」部門に含まれており、同部門には軍や情報機関の出身者が多数籍を置いている。

同社の求人広告によれば、応募者は「トップ・シークレットの機密情報取扱許可（TS）を保持している米国民に限り、最低でも二年間、憲兵や同種の法執行機関もしくは情報機関での勤務経験をもち、インタビュー技術を用いた実務経験のあるもの」とされていた。

もう一社、この秘密の尋問ビジネスに参入したのが、カリフォルニア州サンディエゴのタイタン社である。創立二十三年、従業員は一万二千人をほこり、売上げ二〇億ドル（約二千四百億円）を稼ぐ大企業である。同社の主なビジネスは、情報や通信関連のサービスを軍や情報機関に売ることである。

たとえば、同社は米軍向けに軍事用通信システムを製造・販売しており、情報機関と麻薬取締局（DEA）や連邦捜査局（FBI）が共通の通信基盤をもてるように無線や信号リピーターや関連の通信機材を供給する事業などに参加している。

タイタン社はまた、「ハンビー」と呼ばれる高機動多目的装輪車を改造して通信システムを搭載し、同車の乗組員が周辺地域で電子通信機器を使用した人物やその位置を特定する機能を兼ね備えた改造車「プロフェット」を製造している。折りたたみ式の七メートルの通信傍受用アンテナを搭載し、車内には通訳者用の特別席も設けられたプロフェットは、敵の交信を傍受してその場所を瞬時に特定し、しかも車内の通訳が同時に傍受した内容を通訳することを可能にした新時代の情報収集車である。

この他にも同社は、空中早期警戒管制機（AWACS）を支援するための五五〇〇万ドル（約六十六億円）の契約や海軍太平洋艦隊向けにウォーゲームを作成する一八〇〇万ドル（約二十一億六千万円）の契約、さらに世界全体で米軍向けに通訳・翻訳サービスを提供する一億一二〇〇万ドル（約百三十四億四千万円）の契約などをとっており、世界中のあらゆる言語の専門家のデータベースをもっている。

アブグレイブ虐待事件と民間軍事会社

アブグレイブ刑務所における収容者の虐待に関しては、米軍の情報部がその黒幕であるとの解説が多くなされている。米上院軍事委員会が二〇〇四年五月十一日に開催した公聴会では、軍情報部による虐待の奨励を指摘する機密報告書をまとめた米中央軍のアントニオ・タグバ陸軍少将が、「事件の発生当時、同刑務所の指揮権は実質的に軍情報部が握っていた」と証言し、スティーブ・カンボーン国防次官（情報担当）と真っ向から対立して注目を集めた。

そのタグバ少将は二〇〇四年二月に軍の内部調査をもとに機密報告書をまとめていたが、その中で「反米攻撃の続いていたイラク国内の治安関連情報を尋問で入手するため、軍情報部が看守役の憲兵らに虐待を奨励・指示した」との関係者の証言をまとめており、虐待行為の責任は、「二〇〇三年十一月以来、アブグレイブ刑務所の指揮権を握っていた第二〇五軍情報旅団にある」としていた。

このタグバ少将の秘密報告書は、ＣＡＣＩとタイタン社がアブグレイブ刑務所における虐待事件に深くかかわっていたことも明記しており、これまで知られていなかった「尋問任務の外注」の実態を暴露した。この報告書はスティーブン・ステファノビッチ、ジョン・イスラエル、トーリン・ネルソンそしてアデル・ナクラという四名の民間人の名前を挙げて、両社の契約社員の責任を追及している。

ＣＡＣＩの契約尋問官であるステファノビッチは、「尋問を行なった場所や尋問時の活動内容、それに虐待の有無について調査官にウソの証言をした」と同報告書は記しており、さらに調査官は「ステファノビッチが憲兵たちを焚きつけて収容者たちを襲わせており、彼の指示が肉体的な虐待に相当することは明らかだった」にもかかわらず、このCACIの契約者は「ウソをつき通した」として強く批判している。

一方、タイタン社の契約者であったジョン・イスラエルは、「いかなる不正行為も目撃しなかった」と証言して明らかに調査官をミスリードし、しかも機密取扱許可を保持していなかったため、「そもそも刑務所にはいてはいけない人物だった」という。全般的に、「(CACIとタイタン社の)米国の民間契約者は、アブグレイブ刑務所内において、適切に監督されていたとは判断できない」とこの秘密報告書は結論づけている。

CACIやタイタン社が尋問官としてどのようなバックグラウンドの持ち主を雇ったのか明確になっていないが、イラクでは、このような政治的に微妙な任務にでさえ、能力が低くしかもそのバックグラウンドも定かでないような民間人がつくことが可能なシステムになっていた。実際、ジョン・イスラエルの他にアブグレイブで働いていた十四名のタイタン社の尋問官の中で、機密取扱許可を保持していたのはたった一名しかいなかった。

ほとんどのものはそれ以前に軍や情報機関などでの実務経験がなく、ごく普通の仕事についていたアラブ系米国人ばかりだった。たとえばサウジアラビア生まれのハリド・オマーンはミシガン州カラマズーでホテルのマネージャーをしていた人物で、エジプト系米国人のアデル・ナクラはメリーランド州のゲイサーズバーグでコンピュータネットワーク会社の技術者として働いていただけの人物である。

このように尋問官としての実績がなかったような人たちが、収容者の尋問という情報活動の中でもきわめて重要な任務に携わり、「適切に監督されることなく」収容者の虐待にかかわっていたのである。しかもそのような虐待行為に加担したと思われるこうした民間の尋問官たちは、軍に所属する人間ではないため、法的には不明確な立場にあり、たとえ不正行為を働いていたとしても彼らの責任を追及することは非常に困難である。民間契約者がこのような犯罪行為をしてしまった際に、誰が責任をとるのか、本人なのかそれとも彼らを雇った側なのか、誰がどこの法律で裁くのか、といった点がまったく不明確なのだ。

もし軍人であれば軍法会議で裁かれることになるが、軍は「民間人」を裁けないため、CACIやタイタン社の契約者を裁く権限はない。「一九九六年・軍事域外管轄権法」という法律があり、米国外で軍隊と契約をしている民間人、従軍している民間人は、虐待行為のようなジュネーブ条件の条項に違反した場合には米国の法廷で裁かれることになっている。しかしこの法律は国防総省と契約している民間人にのみあてはまり、その他の省庁、たとえばCIAや内務省などと契約している場合には該当しないという抜け穴がある。

今回のCACIやタイタン社の契約は、内務省と結ばれたものであり、すっぽりとこの法律のグレーゾーンに位置するため、一九九六年・軍事域外管轄権法を根拠に両社の契約者を裁くのは困難なのである。

タグバ報告書で糾弾されて軍法会議に立たされた二等軍曹のイワン・フレデリックの叔父ウィリアム・ローソンは、彼の甥が「民間人の尋問官たちにも部分的には虐待の責任があると述べている」と証言し、「彼は上官からの命令で、イラク人の収容者を尋問している民間の契約者たちの指示に従ったに過ぎない」と述べていた。

これに関して米司法省は、「もしこのような民間契約者が犯罪行為に加担している場合には、自分たちの責任で裁きにかける」と主張していたが、アブグレイブ事件によって、法律のグレーゾーンで活動するPMCの存在が改めて明るみに出されたのであった。

ちなみにCACIはこうしたスキャンダルの結果、尋問官の派遣業務を中止すると発表している。米陸軍との契約が切れる二〇〇五年九月三十日をもって、尋問官派遣サービスをこれ以上提供しないことを明らかにしたのだ。このスキャンダルが報じられたとき、同社の株価は一八パーセントも急落しており、「中核業務でないにもかかわらずリスクが高すぎる」と同社の経営陣が判断し、このサービスの中止に踏み切ったのだという。

海兵隊との小競りあい

ファルージャでのブラックウォーター社の例に見られるように、米軍側に、PMCがどのように機能しているのか、また自分たちの管轄地域にどういうＰＭＣがいるのかといった情報が不足しているために、予想外の戦闘に巻き込まれてしまう事態が何度か起きていた。またＰＭＣの武装警備員の中には無責任に武器を使用するものもおり、米軍内ではＰＭＣに対する不満も渦巻いていた。

そしてさらにこの延長線上で、二〇〇五年に入ってからは、米軍とＰＭＣとの衝突の例も多数報告されている。米軍の検問所や米軍の車列とＰＭＣが接近する際に、米軍側がＰＭＣの車列に発砲するという事故が相次いだのである。

二〇〇五年五月二十八日のことだ。四台のフォード社製のピックアップトラックＦ－350と一台のフォード製防護車両が、ファルージャ郊外にあるザパタ・セキュリティ社の事務所を出発した。バグダッド国際空港の近くにある巨大な米軍基地キャンプ・ヴィクトリーまで少量の爆薬を運び、数人のイラク人文民職員を乗せて帰るという、同社がイラクで請け負っている業務を遂行するためだった。

この業務についていたのは、ニュージャージー州やテネシー州など米国全土から集まった元軍人たち十六名であり、そのうちの十四名が武装しており、八名は海兵隊の出身者であった。出発前のブリーフィングでは、彼らがこれから通るルートで最近頻繁に武装勢力による攻撃が行なわれていること、とりわけ自動車による自爆テロが頻発していることなどが説明されたという。

ザパタ社のメンバーたちは予定通りキャンプ・ヴィクトリーに到着し、午後二時ごろまでむさぼるように昼食を食べていたという。ちょうどこの時間帯に、海兵隊が後に「ザパタ社の車から無差別に市民に対する発砲がなされた」との報告がなされるのだが、いずれにしても同社のメンバーが帰途につくまではとくにいつもと変わった様子はなかったという。

ところがその午後に、メンバーたちがファルージャを通って事務所に帰る途中に事件は起きる。彼らの一台が、右方向から近づくトラックに気がついた。武装勢力の待ち伏せか自爆テロであることを恐れたM-4ライフルで武装した警備員の一人は、窓から身を乗り出してトラックに合図を送った。しかしトラックの運転手の注意を引くことができなかったため、地面に向けて三発発砲したという。「この弾丸が跳飛してトラックに当たったことは絶対にない」「運転手に対して自分たちはここにいるぞと伝えるためだけの発砲だったからだ」とこの警備員は断言する。ザパタ社の車列はまだユーフラテス河の東側におり、橋を渡った反対側に米海兵隊の検問所があったのだが、この弾丸が検問所まで跳飛したことなどなお考えられないという。

ところが海兵隊側が語るストーリーはまったく異なっていた。「当日の午後二時ごろに受けた攻撃のときとほぼ同じ車両から検問所に対して発砲があった」「また同じ車がファルージャで民間人の車に発砲した」「それはザパタ社の車両と同じものだった」と海兵隊は発表したのである。

ザパタ社の社員たちは、橋を渡っている途中に橋の反対側から発砲を受けたが撃ち返さなかったと主張している。橋の西側に到着し、バリケードを通過して検問所に着くと、海兵隊の現場指揮官が、「ザパタ社の車両から検問所に対して発砲があった」としてザパタ社員たちをファルージャの基地に連行したのである。

「このとき海兵隊は、「たったいまわれわれに向けて六発撃ち込んだな」と問い詰めてきた」と証言するのは、メンバーのキャプテンをつとめていた米陸軍特殊部隊のOBリチャード・デヴィンである。「この発言を聞いたときはショックだった。だからその六発が着弾したところを見せてくれ、と頼んだのだが拒否され、その後話が変わって二発検問所の近くに着弾したということになっていた」

その後ザパタ社の社員たちは、テロリストの収容所に連れていかれ、プラスティックの手錠をかけられ、ひざまずかされて一人ひとり尋問を受けたという。女性の憲兵が軍用犬をけしかけ、数十人の海兵隊員が彼らを囲んで口々になじり、馬鹿にし、「給料はいくらもらっているか」と問い詰め、何人かはその場面をカメラで写して笑っていたという。ちなみにこの事件が起きたのは、あのアブグレイブでの虐待事件が公になった後のことである。

こうしてザパタ社の社員たちは、弁護士に連絡をとることも許されずに三日間独房で拘束された後、釈放された。しかもこの十六名は「二度とアンバル地方で米軍のために働くことは許されない」とされ、アメリカへの帰国を望むものはさらに五日間基地にとどまらなくてはならなかったという。

三日間の拘束の後に釈放された事実から、この事件の真相はザパタ側の主張により近かったことが予想される。しかし、イラク内務省に登録している民間の警備会社のリストの中に「ザパタ・セキュリティ」という名前の会社は存在しないため、同社の警備員たちは武器の携行許可がない「潜り」だった可能性は高い。そして同社のような潜りのＰＭＣの無責任な武器の使用が、イラク人のあいだの米軍不信を強め、米軍内部でのＰＭＣに対する不信や不満を高めていたことから、このザパタ事件は、そうした米軍側のＰＭＣ不信を露呈させたかたちとなった。

後に『ワシントン・ポスト』が入手した海兵隊の内部文書によれば、六月七日付のメモには「連合軍はザパタ社といくつもの問題を抱えており、彼らとの契約を更新することはないだろう」、六月四日付のメモには、「民間の契約者たちはイラクの民間人や海兵隊員に対する発砲を繰り返している。やつらの散漫な運転と不法な武器の所有は、海兵隊員に対する直接的な脅威となっている」と記されていたという。

このザパタ社と海兵隊の事件は、まったくの例外というわけでもなさそうだ。二〇〇四年十一月には、バグダッド国際空港へ向かって走行中のＰＭＣの車両に、米軍が六

～七発の銃弾を撃ち込んだことが報告されているし、同じころにイラク警察がバグダッドのバビロン・ホテル近くでイギリスのＰＭＣに発砲し、イギリス人側が応戦してイラク人警察官一人が死亡する事件も起きていた。アメリカのエリート特殊部隊出身者で構成されているトリプル・キャノピー社も過去数回、米軍とのあいだで同様のトラブルがあったことを認めている。

またファルージャ近辺では、外国人テロリスト勢力が、欧米のＰＭＣを装って米軍に発砲し、ＰＭＣと連合軍をお互いに衝突させる工作を行なっているとの見方も出ていた。

このように本来は味方同士である米軍や連合軍とＰＭＣの衝突やトラブルがたびたび発生していた。米軍内部でもＰＭＣがどのような働きをしているのかに関する認識はまだ低く、現場の兵士たちの中には、メディアの報道を鵜呑みにしてＰＭＣの警備員たちを「高給取りの傭兵」と見なし、彼らを毛嫌いする者もいるのである。

ＰＭＣの大量投入により、正規軍の兵士たちと、民間人でありながら武装するＰＭＣの要員という二つの異なる武装集団が同じ空間を共有することで、現場レベルではこのようなさまざまな混乱が生じていたのである。

もっとも、軍とＰＭＣの調整機関として復興運営センター（ＲＯＣ）が発足したり、同じく軍とＰＭＣそれにイラク治安当局の情報交換の場として機能する「イラク民間警備会社協会」が設立されたり、さらには米軍内でＰＭＣを活用するための新たなガイドラインが出されるなど、両者の円滑な協力関係を促進するための仕組みやルールを整備していこうという動きも出てきている。

こうした事件は、史上最大規模のPMCの投入が、いかに現場レベルでの混乱を招いているかを示しており、軍によるPMC活用がいまだに発展途上の段階にあることを物語っている。今後は、こうした現場レベルで起きたさまざまな問題を教訓にして、PMCの登録制度や許認可制度の導入、ROCのような調整機構への加盟の義務化、軍側でのPMCを活用するための教育訓練の導入など、新たなシステムやルールの確立へ向けた動きが出てくるだろう。

流出した無差別乱射ビデオ

二〇〇五年十一月、PMC関係者のあいだでとんでもないビデオが出回った。そしてそれはすぐに、業界関係者だけでなく世界中のメディア関係者の目に留まり、米軍当局や英外務省をも巻き込む事態に発展した。

問題のビデオは、イラクの道路を走行中の車の後部座席から後方を撮り続けた四つの短い映像で成り立つわずか三分足らずのものである。エルビス・プレスリーの「ミステリー・トレイン」がBGMとして流れ、のどかな雰囲気をかもし出しているが、そこで展開される映像はそののどかな雰囲気とは好対照であった。一瞬自動小銃の銃口がちらりと見えたかと思うと「パラパラパラ」と乾いた音を立てて後方へ向けた乱射がはじまるのである。小銃を撃っている人物はビデオには映っていない。

最初の映像では車の後方から白いバンが走ってくる。とくにおかしな様子は見られないし、危険なほど接近しているわけでもない。この後続車を近づけまいとしているかのように、発砲は続き、やがてこの白いバンは急に速度を落とし、視界から遠ざかっていく。

次の場面では同じ状況の中で、後方から走ってくる銀のベンツのセダンに対して同じように「パラパラパラ」と発砲が続き、このベンツは道路脇に駐車してあった白いタクシーにすさまじい勢いで激突してしまう。追突されたタクシーの中からはあわてふためいて、乗客と見られる男性が三人逃げるように降りる様子が映されているが、銃撃を受けてタクシーに激突したベンツからは何の動きも見られず、運転手は重傷を負ったか、もしくは死亡したことを強く示唆している。

三つ目の映像では同様に車を走らせながら後方に発砲を続け、後続の赤いピックアップトラックが慌てて逃げるように道路脇に停車し、運転手が外に出てこちらを不信そうに眺めている様子が収められている。

そして最後の四つ目の場面でも同様に後方から白いセダンが走ってくる映像があり、こちらからは例によって自動小銃をフルオートで撃ちまくり、このセダンのボンネットに数発が着弾した様子が確認できる。と同時にこのセダンが急停車したところでこのビデオはブツリと切れている。

このビデオはもともと、イージス・ディフェンス・サービス社に不満をもつ同社の契約社員が運営するウェブサイト上に載せられたもので、イージス社のセキュリティ業務中の出来事である可能性を強く示唆していた。イージス社はすぐに社内の人間がこのビデオに関係しているかどうかを調査すると発表し、英外務省や米軍当局も調査を約束した。

このビデオは、「無責任に銃を使用し民間人を殺害する傭兵」のイメージを裏付ける確たる証拠であるかのごとくメディアの紙面を賑わせた。「血に飢えた民間契約者が無差別にイラク人を射殺」とある米国系メディアは報じ、別の英国系メディアは「このビデオは、イギリスの法律でもイラクの法律でも規制を受けない民間警備会社が、何百人もの無実のイラク人たちの死に責任があるのではないかとの懸念を広めている」と伝え、PMCに対する批判の大合唱となったのである。

民間軍事会社のあいまいな法的立場

一般的にイラクで活動を許可されているPMCの武装警備員たちは、一定の条件下でのみ民間人の車に対する発砲が認められている。彼らの武器使用基準（ROE）は大雑把にいえば、自爆テロの可能性のある車両が接近していることを確認した後、最初は手を振るなどの合図を通して減速および停止を呼びかけ、それでも応じない場合には地面に向けて警告射撃を行ない、さらに次の段階では車のボンネットやエンジンを撃ち、最後の最後に運転者を撃つという手順を踏むことになっている。

しかし民間人の普通の車を装った自爆テロの手口が巧妙になればなるほど、武装警備員たちの行動は「早目の予防」に重点が置かれ、この一連の手順が数十秒からときには数秒間でなされ、少しでも不審な（と思われる）動きをした車は発砲を受けることが多いという。このあたりの事情はＰＭＣに限ったことではなく、連合軍も同様で、その中でもとくに米軍がもっとも発砲までの手順が早い、つまり「すぐに発砲してしまう」といわれている。

実際、米軍の兵士たちは自分たちの車列の後方から他の車が接近してきた場合、一〇〇メートル以内に近づいた時点でもう「自爆テロの可能性あり」として発砲している。このため連合軍のあいだでは、「米軍の車列に近づくときは気をつけろ」「米軍の車列は絶対に追い抜くな」という注意事項が出回っており、米軍と連合軍のあいだでもいわゆる「味方からの誤射《フレンドリー・ファイヤー》」が多発していることを裏付けている。

大多数のＰＭＣはこうしたフレンドリー・ファイヤーの危険性も考慮に入れながら慎重かつ高度なプロ意識をもって規律正しく行動しており、イラク占領初期のころにくらべるとPMCの行動に関してもそのルールは整備されてきている。とくに二〇〇四年六月の主権移譲後は、イラクで活動するPMCはすべてイラク内務省に登録することを義務づけられ、武器の携帯についてもイラク政府の許可を得なければならない仕組みになっている。

しかし現在までにイラク内務省に登録しているのは約五十社。業界の大手といわれる企業はすべてこの中に含まれており新しい規制の下で活動しているが、それ以外に百社近くの無認可の中小企業があるといわれており、こうした企業が主にトラブルを起こしていると見られている。

二〇〇三年五月から〇四年六月までのアメリカによる占領期、占領行政を取り仕切った連合暫定施政当局（CPA）は法令十七条の中で、「連合軍と契約する契約員はイラクの法律で訴追されることはない」と定め、PMCの武装警備員を含む民間の契約者たちが、イラクの法制度では起訴を免除される特権的存在であると認めていた。二〇〇四年六月の主権移譲後は、この法令十七条は効力を失い、すべての契約者がイラク政府の定める法律に拘束されることになっているが、PMCの中にはCPA時代の特権意識から抜けきれずにいる者もいる。とくにイラク内務省に登録せずにイラク政府当局の権威を尊重していない「潜り」の企業にこうした傾向が強いといわれている。

ただ問題はこのビデオがイージス・ディフェンス社という、米軍から復興運営センター（ROC）の運営を委託され、イラクで米軍からもっとも大きな契約を獲得している PMCが関係している点である。このビデオが最初に掲載されたのは「イージス社に不満をもつ同社の契約社員」のウェブサイトとされるが、このビデオを撮ったのは誰で、発砲しているのは誰なのか、噂以上の確たる調査結果等は出ていない。イージス社とこの問題のサイトとの詳しい関係も明らかになっていない。

ただし、第3章でも記したように、イージス社の創設者であるティム・スパイサーは、PMC業界では賛否両論分かれる人物であり、これまでの行動は「サンドライン事件」で見られるように物議をかもすことが多かったため、「またスパイサーのところか」という空気が業界内では強い。イージス社自体も、ROCの契約をとったことで一気に業界のリーダー役的存在になっているが、会社自体はイラク戦争を契機にできた「ぽっと出」であり、教育訓練を含めて契約社員の規律や統制は不十分だったのではないかとの見方もある。

二〇〇六年六月、米軍はこの事件を調査した結果、「誰かが犯罪にかかわったということは立証できない」と結論づけた。このビデオだけでは誰かが何らかの犯罪にかかわったと断定する証拠としては不十分であり、この件ではお咎めなしとされたのである。

この乱射ビデオ事件は、PMCの武装警備員たちが、いまも法律のグレーゾーンで活動し続けている現実を雄弁に物語っている。

戦争広告代理店の実力

このようにイラク戦争の第二幕である占領・復興活動では、無数のPMCが法律のグレーゾーンで蠢いているのだが、そもそもこのイラク戦争前に「フセインの大量破壊兵器の脅威」を世界中に広め、過剰に宣伝する上でも、PMCが大きな力を発揮していた事実にも触れておきたい。

正確にいうとPMCというよりは、PR会社や「戦争広告代理店」と呼んだほうがいいかもしれない。しかし、彼らをなんと呼ぼうと、国防総省から委託を受けて戦争の一側面である「心理戦」や「情報戦」を仕掛けていた事実に変わりはない。筆者はこうしたPR会社も、広い意味でのPMCと位置づけていいと思っている。

ブッシュ政権は、イラク戦争開始前に、戦争に対する米国民や国際世論を味方につけるため、大々的な情報戦・プロパガンダ作戦を行なったが、この際に民間の「コンサルティング」会社、レンドン・グループと契約している。

レンドン・グループは、元民主党の政治運動家ジョン・レンドンが率いる会社で、9・11テロ事件以降、五六〇〇万ドル（約六十七億二千万円）以上の仕事を米国防総省から委託されている、この業界では最大手の企業である。契約内容は、外国の報道の追跡調査《トラッキング》、米軍に友好的なニュースの「押し売り」、アメリカの立場を擁護するようなニュースの断片のテレビへの挿入の後押し、米軍駐留に賛成する支持票を確保するための草の根運動の創出・支援など、アメリカに対する一般的な認識《パーセプション》を管理《マネージメント》することである。

レンドン社は少なくとも五つの契約を国防総省と結んでいる。

二〇〇五年九月に同社は、イラクのメディアの動向を追跡調査する六四〇万ドル（約七億六千八百万円）の契約を締結し、二〇〇四年にはアフガニスタンのカルザイ大統領のスタッフに対するアドバイス契約を一四〇万ドル（約一億六千八百万円）で結び、さらにアフガン内務省とは反麻薬キャンペーンに関する契約を三九〇万ドル（約四億六千八百万円）で結んでいた。レンドン社はまさに対テロ戦争における情報戦を一手に引き受けていたのである。

ジョン・レンドンは、ワシントンでは「認識管理《パーセプション・マネージメント》」、「戦略的コミュニケーション」の専門家として知られている。情報操作の達人、メディア操作のプロというわけだ。

レンドン社が国防総省向けにこの種のサービスをはじめたのは十年以上前の一九八九年のことである。この年、同社は国防総省との契約の下、パナマの独裁者マヌエル・ノリエガを米軍が追放した後に、パナマのメディアがアメリカの行動を好意的に報じるように、パナマの反政府勢力のメディア訓練をする契約を結んだ。

一九八九年、大統領になったばかりのブッシュ（父）は、一〇〇〇万ドルの資金をパナマの反体制勢力に流し、ノリエガ政権を打倒させる秘密工作をCIAに命じた。この秘密工作に直接局員を関与させることに消極的だったCIAは、この工作業務を事実上レンドン・グループに外注したといわれている。

レンドンの仕事はつまり、多様なキャンペーンのノウハウや心理戦のテクニックを最大限に用いて、CIAの望む候補者である野党のエンダラを大統領の座につかせることだった。さまざまな銀行口座やダミー会社を通じて「洗浄」されたCIAの資金は、回りまわってエンダラ陣営に流れ、そこからレンドン社に支払われる仕組みが整えられた。五十三歳の企業弁護士で政治経験のほとんどなかったエンダラは、ノリエガが推すカルロス・ドゥケに対抗して選挙に出馬。レンドン社の密かな支援を受けたエンダラは選挙で圧倒的な勝利を収めたが、「最高指導者」と自称するノリエガが、「この選挙は無効である」と宣言し、エンダラの大統領府入りを実力で阻止する行動に出た。

これを受けてブッシュ政権はノリエガを武力で排除する決断を下し、レンドン・グループの仕事は、選挙のための地元の支援を獲得することから、今度はアメリカが行なおうとしているパナマの体制転換に対する国際的な支援を獲得することに早変わりした。

しばらくして、レンドンはこの仕事に最適なプロパガンダの道具を発見した。あるエンダラの支援者の会合に、「ノリエガの偉大なる大隊」と自称するギャング団が、木材や鉄パイプをもって乱入、暴行を働いたのである。ギャング団はエンダラの副大統領候補者だったフィリェルモ・フォード氏のボディーガードを引きずり回し、車に押し付けて彼の口に銃口を突きつけて引き金を引いた。もちろんこのボディーガードは即死だ。続いて、カメラが回っているにもかかわらず、フォード氏の頭部を鉄パイプや棍棒で殴りつけて血祭りにあげたのである。

ノリエガを悪者にしたいアメリカにとってこれ以上の題材はない。この事件発生からわずか数時間のあいだに、レンドン社はこの映像が世界中のあらゆるメディアで報じられるように配信手配を行ない、翌週の米『タイム』の特集を取材するのも手伝った。さらに国際的な支援を強化するため、レンドンはフォード氏の欧州ツアーを企画し、イギリスのマーガレット・サッチャー首相（当時）、イタリアの首相やローマ法王との会談などを次々にアレンジしたのである。

そして一九八九年十二月にブッシュ政権がパナマ侵攻を決断したときには、ジョン・レンドンと数名の従業員たちは、パナマ市にいち早く軍用機で到着し、米軍のパナマ侵攻の十五分前には、すでにパナマ入りしていたという。

パナマ侵攻に続いて湾岸戦争でも活躍

そしてその七カ月後に、レンドン・グループは、今度はイラクのサダム・フセイン追放のためのキャンペーンに手を染めることになる。一九九〇年八月二日にイラクがクウェートを侵攻したのを知ったレンドンは、すぐにクウェート政府が自分たちのサービスを必要にすると直感し、かつてカーター政権でアラブ政策に携わった友人を介してサウジ政府の人間を紹介してもらい、そのサウジ人経由でクウェート政府とコンタクトをとった。

レンドンがパナマでの実績などを紹介して自社のサービスを売り込んだところ、クウェート政府はすぐに、「米政府や米国民に対してクウェート解放のための戦争を売り込むことを手伝ってほしい」と依頼してきたという。これに対してレンドンが提案したのは、クウェートを助けるための戦いに手を貸そうと世界の国々が思うような大々的なキャンペーンを行なうことだった。

こうしてクウェート亡命政府は、「自由なクウェートのための市民たち」という名の組織を通じて、レンドン・グループに月額一〇万ドルを支払い、クウェート政府のプロパガンダを支援するプロジェクトがはじまった。レンドンが行なったのは、クウェートに対するネガティブ報道の徹底した相殺作戦であった。欧米のメディアがクウェート政府の非民主性や王族の腐敗などを報じると、すぐにカウンターアタックを行ない、いかにクウェートの市民たちがアメリカ軍に感謝をしていて、その気持ちを込めた郵便を最前線でクウェート解放のために戦う米兵に送っているか、などといったニュースを大量に流し、クウェートに対するネガティブな情報を塗り替えたのだった。

湾岸戦争が終わると、レンドン・グループはCIAから新たなミッションを与えられた。それはフセイン政権を倒すために、イラクの反体制派グループを育成することだった。当時すでにイラクからの亡命者で成り立つイラク国民会議（INC）という小さな組織が存在したが、彼ら自身どこから活動をはじめたらいいのか、どんな支援が必要なのかをわかっていない、そんな状態だった。

そんな中、レンドンはCIAの資金を得てINCの上級顧問として雇われたのである。レンドンがこの契約を獲得した理由は、CIAが同社のパナマでの手腕を高く評価し、「同じことをイラクでも期待したからだ」と当時CIAのバグダッド支局長をつとめたホイットニー・ブルンナーは証言している。「今度の追い落としのターゲットはサダム・フセインであり、代わりに権力につける人物はアフマド・チャラビーINC議長」と工作目標が設定された。チャラビーはフセイン政権を打倒することに誰よりも執念を燃やしており、ブルンナーいわく、その目的のために「アメリカを戦争に引き込むことに何よりも大きな関心をもっていた」人物である。

レンドン・グループのINCに対するサービスの内容は、グローバルなメディア戦略であり、世界中のメディアに対して、「いまや湾岸戦争で敗れ十分に抑止されている一地方の指導者に過ぎないサダム・フセインを、世界平和に対する深刻な脅威であると信じ込ませること」であった。この目的のために、毎月三二万六〇〇〇ドルがCIAからレンドン・グループおよびINCに支払われ、レンドンはさらにプロジェクトにかかった費用の一〇パーセントを管理費として加え、湾岸戦争に続く五年間で一億ドルをこのプロジェクトで得たと報じられている。

レンドンの支援を受けてINCは反体制組織として大きく前進したが、一九九六年にフセイン政権に対して仕掛けたクーデターが失敗すると、CIAは急速にINCに対する信頼をなくし、INCに対する資金援助をストップしてしまった。しかしレンドン・グループはすぐにCIAに代わる新たなスポンサーを見つけた。米国防総省である。国防総省を新たな活動資金のスポンサーとする中で、レンドンは将来ブッシュ政権で力をもつことになる、リチャード・パールやポール・ウォルフォウィッツ、それにルイス・リビーといったネオコンサーバティブ（ネオコン）派と呼ばれる戦略家たちと緊密な関係を築いていくのだった。

「フセイン大量破壊兵器」神話の誕生

二〇〇一年九月十一日に起きた米同時多発テロは、レンドンやINCにとってまたとない追い風をつくり出した。INCが緊密な関係を築いたネオコンたちが、ブッシュ政権内で大きな発言力をもつようになり、アメリカが進める対テロ戦争のターゲットとしてフセイン政権がクローズアップされていったからである。

ブッシュ政権は対イラク戦争を進めるにあたり、国際世論の支持を得るために大掛かりな情報キャンペーンを開始し、ホワイトハウスのグローバル・コミュニケーション・オフィス（OGC）にその役割を与えたが、OGCが外注先として選んだのがこのレンドン・グループだった。事実上レンドンがイラク戦争計画の「PR活動」を担当したのである。

ちなみにホワイトハウスの中でこのプロパガンダを担当したのはネオコン派のルイス・リビー（チェイニー副大統領の首席補佐官）であり、レンドンやチャラビーが活躍する上で最高の舞台がセットされたのであった。

レンドンがブッシュ政権の委託を受けて行なったプロパガンダの中でも、もっとも成功を収めたのが、フセイン政権の大量破壊兵器開発に関与した科学者アル・ハイデリの物語であった。イラクから亡命したアル・ハイデリは、「生物、化学そして核兵器をフセインの命令で密かに地下の井戸に埋め、個人の別荘に隠し、病院の地下に隠した」などと証言していた。この証言は、イラク侵攻のための口実を探していたブッシュ政権にとっては願ってもないものだったのだが、問題が一つあった。アル・ハイデリの証言がすべて作り話だったということである。

二〇〇一年十二月十七日、CIAはこのイラク人亡命者にウソ発見器を試し、「彼の発言は米国滞在のためのビザを得るためのまったくのでたらめである」と断定していた。それにもかかわらず、レンドン・グループは、このイラク人科学者を、戦争計画を売り込むための絶好のプロパガンダの道具として育てていく。CIAがウソ発見器テストを行なう約二カ月前に、レンドン社はフセイン政権追い落としのためのプロパガンダをやるという契約を国防総省と密かに結んでいた。

この契約を結んだ後レンドンは、INCのチャラビー議長と同組織のスポークスマン、ザーブ・セスナとともに、アル・ハイデリをタイへと連れていった。セスナはレンドン・グループの指導を受けて、亡命者に対するストーリーテリング、ジャーナリストの質問に対する答え方など、一連のメディア対策訓練の指導法を学んでいたが、その成果を活かしてタイのホテルでアル・ハイデリにメディア対策の特訓をするのが目的だった。レンドン・グループの元従業員でINCのワシントン事務所で働くフランシス・ブルークは、このアル・ハイデリ作戦の目的は、「アメリカに圧力をかけてイラクを攻撃させ、サダム・フセイン政権を転覆させることだった」と明確に述べている。チャラビーとセスナは、アル・ハイデリの特番をつくらないかとオーストラリアのフリージャーナリスト、ポール・モランにもちかけた。モランはかつてレンドンから金をもらっていたことがあり、これまでもたびたびINCのプロパガンダに協力したことがあった。

チャラビーはまた『ニューヨーク・タイムズ』の大物記者ジュディス・ミラーにも接

触した。ミラーはネオコン派のルイス・リビーと親しい関係をもっており、これまでもINCのために記事を書いたことがあった。ミラーはINCの誘いに応じ、バンコクまで飛びアル・ハイデリへのインタビューを行なうことを約束した。『ニューヨーク・タイムズ』という国際世論に絶大な影響力をもつメディアの一角を切り崩したことで、レンドン・INCの作戦はピークを迎えた。

タイでのインタビューの直後、二〇〇一年十二月二十日、『ニューヨーク・タイムズ』の一面に「イラク人亡命者が少なくとも二十カ所の秘密の武器庫での仕事を暴露」と題するミラー記者の「スクープ記事」が躍ったが、その背景にはこうしたINCやレンドン・グループの暗躍があったのである。

ミラーはこの記事で、「アル・ハイデリは地下施設、個人の別荘やサダム・フセイン病院の地下室の改修工事に携わり、生物、化学、核兵器の秘密貯蔵施設の建設に一年前までかかわっていた」とアル・ハイデリの発言をそのまま紹介し、続けて「この証言はブッシュ政権内でフセインは政権から追放されるべきだと主張するグループに強力な武器を与えることになろう」と書き、その後のネオコン派の躍進をも予測したのである。

後に『ニューヨーク・タイムズ』自身が「この報道は誤報だった」として、なぜこのような誤った報道をしてしまったのかを検証する特集を組んだが、当時は日本のメディアも揃って「米紙が報道」というかたちでこのミラーの記事を紹介し、イラク大量破壊兵器の脅威を日本で煽り立てる役割を果たしていた。

当時、『ニューヨーク・タイムズ』という権威のある新聞が、イラク大量破壊兵器の脅威を「スクープ」したことは、メディア業界をその方向に引っ張る力をもっていた。この記事に続き、オーストラリア放送が、モランの映したアル・ハイデリ・インタビューを放送した。レンドン・プロデュースのプロパガンダ第二弾である。この後、世界中のメディア各社が負けじと「フセインの脅威」を煽る記事を書き、国際世論を誘導していった事実は記憶に新しい。

ジョン・レンドンは言う。「現代の戦争において、結果というのは世論がその戦争をどう見るか、すなわちこの戦争は勝てるのか、戦う価値があるものなのかという価値判断を国民がどう下すかで決まるのである」と。

世界史上に残る大事件であるイラク戦争において、一民間企業が国民の「価値判断」を巧妙に操作していた事実を忘れてはならないだろう。もちろんこのメディア操作だけがフセイン政権の大量破壊兵器疑惑を広めたわけではない。ＣＩＡやＤＩＡをはじめほとんどの欧米側の情報機関がイラクの大量破壊兵器開発に関する見積もりを誤っていた。

しかし、フセイン政権の脅威を煽り立てるために国防総省に雇われた民間企業が、ほとんど表に姿を現わすことなしにわれわれの認識《パーセプション》に影響を与えるべく蠢いていたという事実。そしていまこの瞬間にも、大手メディアの報じる華々しい「スクープ」の陰に、レンドンのような「パーセプション・マネージャー」たちの存在があり、彼らがわれわれの「価値判断」を操作すべく暗躍しているという事実をしっかりと心得ておくべきである。

「選択の戦争」としてのイラク戦争

ブッシュ政権の第一期に米国務省政策企画室の室長をつとめ、コリン・パウエル国務長官（当時）の右腕として知られたリチャード・ハース氏は、イラク戦争を「選択の戦争」と呼んだ。これは自衛のために選択の余地なく行なう「必要の戦争」に対して、自衛や国益を守るためにどうしても「必要」なわけではなく、時の政権が他の政策オプションもあったにもかかわらず、戦争というオプションをあえて「選択」したのだ、という意味である。

あえて「選択」した政策オプションであるから、時の政権（ブッシュ政権）としてはなるべく低コストですませたい。なぜならばそんなに高いコストや犠牲があるのであれば、なぜわざわざその政策オプションを「選択」するのか、と有権者から責められると困るからである。

ラムズフェルド国防長官（当時）が、イラクに派遣する兵隊の数を極限まで少なくし、戦争を安上がりにしようとした究極的な背景には、このイラク戦争が「選択の戦争」だったという事情がある。そして小規模の正規軍しか派遣できなかったために、それを補うためにあらゆる分野で民間企業を雇い、PMCバブルが生まれたのである。

だから、米議会や米国民が、「なんでイラクにこんなに金がかかるのだ」と疑問を抱き、議会がイラク関連予算をケチり、米国民が貴重な税金をイラクに注ぎ込むことに反対しだすと、この「イラク民主化」プロジェクトは成り立たなくなる。そしてその兆候はすでに二〇〇五年夏ごろにはっきりと現われはじめていた。

二〇〇五年の九月末に、イラク多国籍軍の司令長官をつとめたジョージ・ケーシー陸軍大将が、それまで米軍兵士たちの栄養と健康を陰で支えてきた米KBR社との数十億ドル単位の契約を打ち切らざるをえないことを示唆したのである。同司令長官はこの年の夏に、他の司令官に宛てたメモの中で、以下の点を明らかにしている。

「これからも（イラク）作戦全体のコストは上昇し続けることが予想されるが、このままでは米世論の支持を維持し続けることは困難だ。それゆえ、われわれは「十分良好《グッド・イナフ》」の基準に甘んじなくてはならない。これはちょうど弾薬を節約するために実弾訓練を最小限に抑えるのと同様であり、われわれは歳出に対する抑制をしなくてはならない。もしこのまま「なくても支障はないがあれば便利《ナイス・トゥ・ハブ》」の歳出を続ければ、他のサービスに支障が出てしまう。そこで千八百名以下の基地には「グッド・イナフ」の基準を採用しなくてはならないだろう」

「グッド・イナフ・メモ」と呼ばれるようになったこのメモによれば、千八百名を超える人員を擁する大きな基地では、これまで通り、温かい食事、害虫駆除、シャワー・バスルーム完備、移動住宅、トレーニング・ジムや洗濯サービスも含まれる「ナイス・トゥ・ハブ」の基準が維持されるが、千八百名以下の基地では、兵士たちはより簡素な条件、つまり移動住宅ではなくてテントに住み、もち運び型のトイレを使用し、娯楽設備も限定的なものになってしまう。中でも一番違うのは、KBR社の給食サービスが受けられなくなる点だ。

米軍基地の運営は、LOGCAP契約の下でKBR社が提供しているが、同社の給食サービスは、イラクにおいてこれまで米兵の病気の発生率が低く抑えられてきた主な理由なのだ、とある司令官は話していた。同社のサービスは高価ではあるが、その代わり食材は新鮮で栄養価が高く、清潔な台所で調理されており、おまけに兵士たちは食卓に着く前には必ず手を洗うことを、同社のダイニングスタッフにより徹底して管理されているという。

米軍はイラクで毎月約五〇億ドル（約六千億円）の出費をしており、二〇〇五年九月までの出費の総額は二〇〇〇億ドル（約二十四兆円）を超えていた。このイラク作戦にかかるコストが、米国民のイラク作戦への支持を低下させる一因となっていることから、ケーシー大将は現在の水準のサービスを受けることが難しいと懸念を表明したのである。

請求書連合の挫折

そして、ケーシー大将がこのメモを書いていたころ、おそらくは米軍当局からのすさまじい圧力を受けてのことであろう、KBR社はコスト削減に血眼になって取り組んでいた。

その証拠にこの年の七月にアフリカ最貧国のシエラレオネからイラクに八百名近い人員が送られたことが報じられているのだ。彼らはKBR社との契約の下、米軍基地で一日十二時間、一週間に七日間働くためにイラクに渡ったのである。このシエラレオネ人労働者の賃金は月に一五〇ドル(約一万八千円)、時給にするとわずか四五セント(約五十四円)である。LOGCAP契約では下請け業者が労働者に最低賃金を保証することが、契約事項には含まれていない。

これまでKBR社は米軍基地で働く労働者たちを、インド、パキスタン、スリランカ、タイ、フィリピンなどのアジア諸国から調達していた。しかしスリランカ人労働者の平均の報酬は月に四〇〇ドル(約四万八千円)程度であり、さらなるコスト削減の圧力がさらに安い労働者を求めてリクルート部隊を、シエラレオネへと向かわせたのであろう。またこれらのアジア諸国が、自国民に対してイラクへの渡航を自粛するよう規制を強化しだしたことも背景にあると考えられている。

いずれにしても、ここまで人的コストの削減をしなければならないほど、米軍駐留経費に対する懸念が強まっている現実が明らかになり、「イラク民主化」プロジェクトの無理が、もう限界近くまで来ていることを強く示唆していた。

二〇〇六年七月、米陸軍はKBR社とのLOGCAP契約をキャンセルし、再入札にかけると発表した。KBR社はこの契約以外にもいくつもの契約を米軍と結んでいたが、水増し請求やその他の不正をメディアなどで糾弾されており、同社との契約をキャンセルするよう米議会などが圧力を強めていた。陸軍は兵站支援の民間委託を、今後は三社に振り分けることで、経費削減が実現できると発表している。また陸軍のスポークスマンは、同社との契約を途中で打ち切った理由を、「過去の経験からの教訓によるものだ」とだけ説明した。

イラク戦争は、「有志連合（Coalition of Willing）」による戦争といわれていたが、皮肉屋の評論家たちのあいだでは、「請求書連合（Coalition of Billing）」に過ぎないと密かに揶揄されていた。その中にあって、KBR社のLOGCAP契約は、史上最大のPMCを導入した新しい戦争の象徴的な存在であり、そのLOGCAP契約の顚末は、「選択の戦争」が抱える矛盾と、無理に無理を重ねてきた「請求書連合」がついに綻びを見せ、崩壊の淵に立たされている状況を象徴していると思えてならない。

そもそもPMCを使ったプロパガンダではじまったイラク戦争は、ブッシュ政権の

「安上がりですませたい」という思惑から、前代見聞のＰＭＣの大量動員という事態を生み、法律のグレーゾーンで活動するＰＭＣが、現場レベルで数々の問題を引き起こした。しかしこうして無理を重ねてきたイラクプロジェクトも、米国民の「戦争疲れ」と戦費拡大に対する不満の増大を受けて、宴の終わりへと向かいはじめているのだといえる。

次章では、いまやイラクにとどまらず、対テロ戦争全体に拡散するＰＭＣの活躍ぶりを詳細に見ていこう。

第6章 テロと戦う影の同盟者

対テロ戦争の就職説明会

二〇〇四年十二月にアメリカの首都ワシントンDCにある「ダレス博覧センター」で一風変わったイベントが開催された。

「キャリア・フェア・トゥデイ」と題された一見ごく普通の就職説明会だが、じつは政府の機密保全許可を保有している旧情報機関関係者、治安機関出身者のみを対象にした特別の雇用斡旋フェアであった。このイベントの様子を報じた米月刊誌『マザージョーンズ』によれば、五千五百十七件の求人案件のほとんどが対テロ戦争やイラク戦争関連の仕事であり、「バグダッドにおける上級インテリジェンス分析官」「連合軍のために働く約千五百人から二千人の通訳を監督するポジション」などが求められていた。

いずれの職種も政府関係の仕事としか思えないのだが、これらの人材を探しているのは政府機関ではなく、数百社にのぼる民間企業である。もちろんこれらの企業は中央情報局（CIA）や国家安全保障局（NSA）や国防総省と契約し、これらの官庁にそれこそ尿検査から秘密工作まであらゆる種類のサービスを提供しているPMCである。

この就職説明会のスポンサーは、インテリジェンスキャリアズ・ドットコム（IntelligenceCareers.com）という人材リクルート専門会社で、元陸軍情報将校のウィリアム・D・ゴールデン氏が代表をつとめる団体である。ゴールデン氏は、「政府はインテリジェンスの世界で民間企業を使うことに関していってみれば「中毒」になっている」と語り、情報分野における政府のニーズを満たすのは大変だと悲鳴を上げている。

ＣＩＡがどのくらいの仕事を民間に委託しているのかは明らかになっておらず、じつは軍の民間活用よりも情報機関のほうが数歩先に進んでいる、とも一部ではいわれている。ある専門家の試算によれば、二〇〇一年以降、情報機関の民間活用の割合は急増しており、二〇〇五年度の米政府の情報活動に費やされた予算約四〇〇億ドル（約四兆八千億円）のうちの少なくとも五〇パーセントは民間の契約会社に行ったと見積もられている。

これまでのイラクの例でもいくつか紹介してきたが、情報収集、分析や尋問など秘密性の高い情報分野でも民間企業の活用、すなわちＰＭＣの出番が多くなっている。また軍隊の役割そのものが、伝統的な国軍同士の戦争への対処だけでなく、平時における非政府組織の活動の監視や紛争後の紛争国の治安維持や治安機関の育成など、以前とは比較にならないほど増えている。このように軍隊の任務が量的にも質的にも変化していることも、ＰＭＣのビジネスの機会を拡大する一要因となっている。

この章では、イラク戦争にとどまらず、対テロ戦争全体の中で、ＰＭＣに対する需要が構造的に増えている様子を、具体的なＰＭＣの活動を通じて検証し、「対テロ戦争」という名の巨大なお金儲けシステムの仕組みに迫ってみよう。

なぜ情報機関は民間企業を頼るのか

二〇〇一年九月十一日の米同時多発テロ事件以降、アメリカでは、過去に反テロリズム対策に携わった経験のある治安機関の出身者やアラビア語に堪能なもの、イスラム社会の情勢に通じている人たちは、民間市場で引っ張りだこになっている。

ＣＩＡやＦＢＩ、それに国防総省などの政府機関は、「イラクにおけるテロリズム分析」「反テロに関する情報分析」「脅威分析」「重要施設の警備」「要人警護」「収容所における尋問官」「アラビア語の通訳」などといった業務をＰＭＣに外注し、ＰＭＣが元治安機関関係者や元特殊部隊員などを高給で雇い入れて、政府の仕事を肩代わりしているからである。

テロを防ぐには、従来の本土防衛、軍事、情報活動の垣根を越えて、幅広く情報の共有をはからなければならない。各省庁間の横の情報の共有、それに中央と地方の情報の往来をスムーズにさせるためにも、膨大な情報インフラの整備が必要となってくる。このように対テロ戦争は、情報セキュリティを含めたセキュリティ全般に対する膨大な需要を生み出しており、ＰＭＣ発展の大きな背景となっているのである。

冷戦後に大幅な人員削減を迫られたのは、軍隊だけでなく情報機関も同様である。とくにＣＩＡが嫌いだったクリントン政権下でこの動きは加速され、多くの優秀な局員が職を失い、IT産業などに吸収されていった。クリントン大統領のCIA嫌いは有名で、同政権下で最初の二年間CIA長官をつとめたジェームズ・ウルジーは、任期中に大統領と一対一で会う機会を一度も与えられなかったし、CIAがアラビア語の翻訳家を増員したいと要望したときも却下されている。また、一九九三年二月にニューヨークの世界貿易センタービルの地下で爆破事件が起きたときも、クリントン大統領はCIAを捜査チームからはずすなど極端にCIAを冷遇した。

こうした中、CIAを去った彼らは民間企業に移ってからも、それまで働いていた官庁から業務委託を受けて、現役時代に培った能力を今度は民間企業で発揮する道をとった。ブーズ・アレン社の現在とその前の副社長はCIAの長官をつとめていたし、マイケル・マコネル副社長は、二〇〇七年一月に国家情報長官に任命されている。また元NSA長官のウィリアム・ステューデマンは現在ノースロップ・グラマン社の副社長、同じく元副長官のバーバラ・マクナマラはCACIの重役をつとめている。PMCの業界団体の一つである「安全保障問題支援協会」の役員会二十人のうち八人は現役の情報機関の高官がつとめており、民間PMCと情報機関の関係は9・11以降かつてないほど緊密になっている。

軍隊同様、情報機関も冷戦後の大幅な予算縮小によるダウンサイジングの波の中で全体的な規模が縮小され、多くの人員がリストラの対象となったが、中でもいわゆる人的情報《ヒューミント》から衛星など高度なハイテク技術による技術情報へとインテリジェンス活動の比重が移ったこともあって、かつての古典的なスパイたちが現役を退いていた。ところが9・11テロを防げなかった理由の一つが、「ヒューミントの軽視」であったと見られており、その反省の下で、経験の豊富な情報機関の元局員たちに再度仕事を与えるという動きが活発になっている。

このように規模縮小により必要な能力の不足している政府機関をサポートするかたちで、とくに9・11後の対テロ戦争の中で、民間市場にある人材や能力が即戦力として必要となり、政府とPMCのかつてないほどのパートナーシップができていったのである。

世界は対テロ戦争時代に突入し、安全保障環境はより複雑になり、軍隊や情報機関の役割は増える一方である。それにもかかわらず、先進国の軍隊や情報機関は総じて縮小しており、急増するミッション、ニーズに対して応えられるだけの能力を欠いている。しかも事態は切迫しており、すぐにでも新たな安全保障上の要求に対して行動を起こさなければならない。この構造が軍や情報機関とPMCのパートナーシップを不可欠にさせたともいえる。言いかえれば、すでに政府の軍隊や情報機関の能力を超えるニーズが存在し、そのニーズを満たす即戦力を民間市場のPMCがもっているというのが現実なのである。

破綻した国家がテロを生む

9・11テロ事件後にブッシュ政権が打ち出した安全保障の考え方の一つに、「失敗国家、破綻国家」といわれる国家機能の麻痺している国が、「テロリストに安全地帯を提供し、それがアメリカのような先進国に脅威を及ぼす」というものがある。遠く離れた地球の裏側の国の出来事であっても、「遠いから関係ない」などと放っておくと、かつてのアフガニスタンのように国際テロリストがそこを拠点に活動を展開し、やがてはアメリカにまで脅威を及ぼすことになりかねないという考え方である。

9・11を受けたアメリカの恐怖心と、過剰ともいえるイスラム過激主義への反応に裏打ちされたものとはいえ、それまでは世界の安全保障上軽視されがちだった破綻国家の再建という問題を、自分たちの安全保障に直結する問題として捉え直した点は画期的であるといえる。

ブッシュ政権は二〇〇二年九月に「国家安全保障戦略」を発表し、いわゆる「ブッシュ・ドクトリン」を公にした。これについては「先制攻撃」にばかり焦点が当てられているが、当時、国家安全保障問題担当大統領補佐官だったコンドリーザ・ライスは、この戦略の解説をする中で、破綻国家の問題について以下のように触れている。

ライスはここで、「今日の脅威は巨大な軍隊からではなく、より小さな軍隊や闇の集団であるテロリストによって引き起こされる。強力な国家というよりもむしろ、弱くて破綻した国家によって引き起こされるのである」と述べていた。ライスによれば、「貧困や弱体化した政府機関、それに腐敗が、弱体国家をテロリストネットワークに対して脆弱にさせる」のであり、そのような弱くて破綻した国家を救うために、「治安機関、司法制度、法律および州や市町村レベルにおける政府機関や選挙制度をつくることを支援しなければならない」のだという。彼女はつまり、紛争後の復興・安定化プロセスや紛争予防における「治安部門改革（SSR）」と呼ばれる分野の重要性を強調したのである。

このように対テロ戦争の文脈の中で、失敗国家や破綻国家を放っておかない、そうした国家を再建させる努力をしなくてはならないということが、人道的な見地からではなく、安全保障上の必要性から論じられるようになっている。そしてそのための重要な方策としてSSRの重要性が見直されているのである。

ところが、アメリカ政府の、とくに国防総省は、伝統的に国家再建事業や、その中でも重要な柱となっているSSRに関する知識や経験は乏しい。SSRは軍隊、警察、裁判所や監獄といった治安部門の組織自体を再構築し、その政策や運用を改善することでより実効性が高く、効率的で市民の権利を尊重する公共機関へと変革させることが目的とされている。

組織としてSSRに関する経験やノウハウに乏しい米国防総省は、イラクに限らずその他の多くの国々でも、SSRの重要な任務を民間の非国家主体、とりわけPMCに委託するようになっている。

たとえばペンタゴンは現在、ガーナやアルゼンチン、パキスタンやカリブ海諸国など多くの国々で、軍や警察、司法機関や監獄の管理・運営など治安部門の改革・改善を進めるプログラムを進めているが、そのプログラムの設計から履行までほぼすべてのプロセスを民間企業、すなわちPMCに委託している。

ペンタゴンの経験不足という理由以外にも、SSRの分野でPMCを使うメリットはいくつかある。一つは、SSRがきわめて複雑なオペレーションであり、技術的にもマネージメントの面でも非常に幅広い専門知識や技能が必要とされるため、政府や国際機関では必要な人材を確保することが難しい点にある。この点でPMCはさまざまなスキルをもつ専門家のチームを比較的短時間にタイムリーに集めることができる。これは政府の官僚機構の通常のスピードではとうてい達しえないものである。しかも一国の政府ではそのような人材を育成する訓練などに必要な人材もまた予算も限られているが、PMCは世界中から最新のスキルや知識と経験をもった有能な人材を集めてチームを編成することができる。

しかもすでに企業としてこの種のプロジェクトに関する実績を積んでおり、いまやS

SRのサービスを指導する立場にある。裁判官や国境警備兵、犯罪捜査官や軍隊などのスタッフの訓練は、PMCが世界中で請け負っているいまや定番のプロジェクトとなりつつある。

SSRは対テロ戦争という大きな流れの中で、今後さらにその重要性が増していくことが予想されるが、その際に、この分野ですでに経験と実績を積んでいるPMCに対する需要も増すことが予想されるのである。

重要度を増す文民警察の派遣

このSSRの中でも、その重要性が高まっているのは、文民警察の存在である。紛争状態から平和と安定を取り戻し、それを維持し、近代的で民主的な現地の警察力を育成することは、国際平和維持部隊が去った後にも平和と安定を維持し続けるために不可欠なものである。

ボスニアやコソボで、紛争後の警察機構再建のために、米ダイン・コープ社が雇われたのは有名だが、陸上自衛隊が派遣されたイラクのムサンナ県における警察訓練のために、日本の外務省がODAの無償資金援助を適用し、英大手PMCのアーマー・グループ社に実際の訓練を委託したように、この分野でもPMCの活躍が目立っている。

アメリカは現在五十カ国以上にこのような文民警察を派遣している。ほとんどの文民警察プログラムは、国連や欧州安全保障協力機構（OSCE）のスポンサーによるもので、現在国連の「文民警察ミッション」だけで国際的な文民警察官は世界各地に計七千五百名派遣されている。

この文民警察ミッションの目的は多岐にわたるが、派遣国にプロフェッショナルな現地警察機構が欠如していることから、パトロールや捜査などの典型的な法執行の機能を肩代わりすることや、現地の警察が民主的な法執行機関に移行するのを支援する目的でその再編を監視し助言することなどが含まれる。また現地の警察を直接的に訓練・育成するというミッションも数多く存在する。

このような文民警察ミッションを国連が開始したのは一九六〇年のことだが、アメリカが最初にこのミッションに参加したのは一九九四年にハイチに五十名の文民警察官を送ったときであった。その後アメリカは、冷戦後の外交政策の延長線上にこの文民警察派遣ミッションを位置づけ、以降現在までに計四千名以上を世界各地に派遣しており、現時点でも千名以上を世界中に配している。この文民警察ミッションが、対テロ戦争の枠組みで新たな重要性を帯びてきているのである。

アメリカでこの文民警察派遣を扱っているのは国務省であり、同省は個人ベースのボランティアを募っている。といっても実際には国務省が民間のダイン・コープ社やシビリアン・ポリス・インターナショナル社、それにPAE社といったPMCと契約を交わし、こうした民間企業を通じて人材を募る仕組みになっている。つまり国務省が定めた具体的な募集要項に応じて、実際に人材を募集・選抜し、必要な装備を与え、派遣される前の訓練を行ない、国外に派遣し、派遣した後には現地に連絡事務所を開設して給料の送金や医療支援をするなど、一連のマネージメントをすべてPMCが代行しているのである。

このように、ここでもPMCが政府の業務を請け負って対テロ戦争の重要なミッションを遂行しているわけである。

ブッシュ政権の「地球規模の平和活動構想」

破綻国家と安全保障の関係に関する新たな認識と、それに対する具体的な対策として、ブッシュ政権は地球レベルで「治安部門改革（SSR）」に取り組み、国際平和維持活動を積極的に支援する構想を明らかにしている。

二〇〇四年六月に開催されたG8先進国サミットの場で、ブッシュ大統領は「地球規模の平和活動構想（GPOI）」を発表。これは、アフリカ諸国のあいだで、有能な平和維持部隊に対するニーズが高まっていることを受けて、地域を安定化させ民族紛争・宗教紛争を止めさせるためのより効果的な手段を創出させるために、「アフリカで二〇一〇年までに新たに七万五千人の平和維持部隊を育成する」という構想である。

ブッシュ大統領は二〇〇四年九月二十一日に、国連総会の場でも同構想を発表し、「将来的にはアフリカだけでなくアジアやラテンアメリカにもこの計画を拡大させる」としている。

国連安全保障理事会は現在、世界各地に十六の平和活動ミッションで計五万四千人の平和活動部隊を組織している。そのうち三万七千人の平和維持部隊がシエラレオネ、リベリア、コート・ジボワール、コンゴ共和国などアフリカで活動している。しかし現在国連が活動している国々や、新たなニーズが生じているスーダンのダルフールなどでも、さらに三万人ほどの平和維持部隊が必要だと見積もられており、平和維持要員は慢性的に不足している。

GPOIは、二〇一〇年までに毎年一万五千人の新たな平和維持活動部隊を訓練・装備させ、計七万五千名の有能な部隊を築くというものであり、米政府は今後五年間で六億六〇〇〇万ドル（約七百九十二億円）をこの構想のために注ぎ込む予定である。またイタリア政府はそのために巨大な訓練センターを開設することでアメリカ政府と合意している。

米軍は現在イラクにおいて、イラクの治安機関を育てることで悪戦苦闘をしている。すぐれた治安部隊の育成が、イラクの復興・安定化にとっていかに死活的に重要であるか、身をもって体験している。そして、イラクにとどまらず、世界中の不安定な地域で、治安維持・平和維持活動に参加できるすぐれた治安部隊を育成することが、長期的な世界の安定、テロリストの駆逐、そして民主主義の拡大にも不可欠であるとの認識を新たにしているようである。

このような構想を打ち出したアメリカだが、米軍自身はイラクとアフガニスタンの治安機関育成とテロリスト掃討作戦で手一杯であり、GPOIのために十分な人員を割くことは現実的に不可能に近い。GPOIについて解説している米会計検査院（GAO）のレポートでも、「このような事情から実際にGPOIの参加者に対して訓練を施すのは民間の契約企業になる」との見通しを示し、「国務省が民間企業（PMC）に対して十分な監督システムをつくるように」促している。

業界関係者によれば、当然多くのPMCがこの構想に興味を示しており、米MPRI社やノースロップ・グラマン社傘下のヴィネル社等の名がすでに取りざたされている。

対テロ戦争の文脈で重要性が増している破綻国家におけるSSR。そしてその延長線上で米政府が打ち出したGPOI。いずれも民間市場の力が不可欠とされており、PMCの出番がここでも期待されているのである。

米国務省の反テロ支援プログラム

同じような文脈から、米国務省は対テロ戦争の同盟国の法執行・治安機関に対して、テロ対策の能力を向上させるために、「反テロリズム支援（ATA）」プログラムと呼ばれる対外支援プログラムを実施している。

これは、必ずしも治安機関の能力の高くない同盟国や、対テロ戦争の文脈で新たにアメリカが重要視している国々の治安機関に対して、より高度なテロ対策の能力をつけさせるために、国務省がスポンサーとなって資金を提供するというプログラムである。こうした反テロのための訓練プログラムを民間から公募し、入札にかけて、国務省がベストと判断する企業を選定するというシステムである。

このプログラムの下で、これまでにベルリン警察、チェコスロバキアの情報機関、アゼルバイジャンの警察、グルジアの警察、ギリシャ警察などさまざまな国々の治安機関や情報機関が、米国のPMCが国務省の資金を得て実施する反テロ訓練に参加している。

このATAプログラムは、PMCにとっても「おいしい」ビジネスであるため、各企業とも契約受注に向けて、反テロリズム訓練のための最高のスタッフを揃え、最新の情報にもとづいた訓練プログラムを用意して入札に臨んでいる。こうした点は民間市場ならではの自由競争の原理が働いており、各企業とも、米陸軍特殊部隊グリーンベレー、海兵隊、米海軍特殊部隊シールズ、CIA、FBI、沿岸警備隊などの出身者で反テロ作戦のエキスパートたちを集め、それぞれの良い部分をミックスさせたきわめて包括的でユニークな訓練プログラムを開発している。

こうした活動はほとんどメディアで報じられることはないが、アメリカが進める対テロ戦争の現場では、このように国務省の資金で民間のPMCが外国の治安機関を訓練するというプログラムがすでに恒常化しているのである。PMCが対テロ戦争における米政府の「影の同盟者」と呼ばれるゆえんである。

アメリカはさらに、この「ATAプログラム」と同様の趣旨の対外支援を、アジア、アフリカやラテンアメリカ諸国の軍隊にも拡大していく方針を明らかにしている。二〇〇六年八月三日付の『インサイド・ザ・ペンタゴン』によると、ラムズフェルド国防長官（当時）は、国防総省予算の中から一億ドル（約百二十億円）相当を国務省に移し、アジア、アフリカやラテンアメリカの十四カ国の軍隊の対テロ能力向上にあてることを認めたという。

計十四カ国をカバーする八つの軍事訓練プログラムは、それぞれ一〇〇〇万ドル（約十二億円）から三〇〇〇万ドル（約三十六億円）相当の予算規模で、パキスタン、インドネシア、イエメン、タイ、スリランカ、ナイジェリア、サントメ・プリンシペ、モロッコ、チュニジア、アルジェリア、チャド、セネガル、パナマ、ドミニカ共和国の軍隊の、海上および陸上での対テロ作戦能力を向上させることを目的としている。いくつかのプログラムは一カ国だけでなく、数カ国がグループとなって行なう合同訓練となっている。

ジェフリー・ネデナー国防次官補代理（安定化計画担当）は、「このプログラムは、これらの国々に対して訓練や装備品を提供することで、彼ら自身でアメリカとの共通の敵に対処することができ、彼らの領土内にテロリストの聖域をつくらせない力をもたせるように設計されている」と説明している。

このプログラムは、米軍の各地域を管轄する司令官たちと各国の大使たちが共同で策定したもので、それぞれの国の軍隊が自国内の動向に関してしっかりと把握できるような装備品や訓練を提供することを心がけているという。このため装備品の内訳は、レーダー、各種の監視装置やセンサー、GPSシステムのナビゲーション機器、コンピュータのハード機器やソフトウェア、小型ボートや小型トラックやトレーラーや車両のスペアパーツなどが中心になる。

このプログラムで米軍の監督下にあって実際にこれらの国々の軍隊に訓練を実施するのは、「民間の契約者」、つまりPMCである。本来ならばこうしたミッションは米軍自身でなされるのが普通だが、「米軍はイラクとアフガニスタンでの軍事作戦で兵力不足に陥っているため、ラムズフェルド国防長官とライス国務長官は昨年、米議会からの承諾を得て、国防総省の作戦及び作戦維持のための予算を、国務省の対外軍事援助プログラムに移し、民間企業を使って外国軍隊の訓練にあてることに合意したのだ」と同誌は報じている。

イラクでの治安業務だけでなく、地球レベルの対テロ戦争で、いまやＰＭＣは正規軍の兵力不足を補う貴重な役割を果たしており、今後ともこうした傾向は強まりこそすれ、弱まることはなさそうである。

変わる「安全保障」の意味

このように現在の安全保障環境では、ＰＭＣはすでに不可欠な存在になりつつある。この現象を「脅威の変化」という観点から少し理論的に説明してみたい。まず「安全保障上の脅威」とはいったいなんだろうか。

これを、「国家や社会もしくは個人の生存や繁栄にとって潜在的にマイナスの結果をおよぼすと考えられる出来事」と定義すると、現代の「安全保障上の脅威」とは、伝統的な戦争だけでなく、国際テロや大量破壊兵器の拡散、海賊や内乱、それにエイズやＳＡＲＳや鳥インフルエンザの蔓延など、国境を越えたさまざまな問題を含んでくることがわかるだろう。さまざまな統計によれば、今日の世界では、伝統的な国家間の戦争よりも民族紛争やエイズ、小型武器の拡散などによる犠牲者数のほうが上回っていることがわかっている。

もちろん伝統的な国家間同士の戦争の可能性も依然として深刻な脅威として残されているが、客観的に「見える相手」から「見えない相手」に、「国家」を対象にしたものから「社会」や「個人」をターゲットにしたものへと、現代の安全保障上の脅威は、その範囲が大きく拡大しただけでなく、その性質や発現する方法も変化し、より複雑になっているのが特徴だといえる。

冷戦時代の脅威と今日のそれを、その性質上の違いから比較してみよう。

弾道ミサイルの飛距離は客観的な数値で示すことが可能だが、民族紛争の勃発や大量破壊兵器の使用の可能性といった問題は、それ自体がきわめて主観的な要素が強く、客観的な数値で示すことは困難である。

冷戦時代の世界の安全保障上の脅威のトップは、間違いなくアメリカとソ連のあいだの核戦争であり、ソ連のもつ核ミサイルの脅威は、一定程度数値化することが可能だった。ところが現代においては、それが国際テロリズムや大量破壊兵器の拡散、内戦や民族紛争という主観的な評価による脅威にとって代わられている。

もちろん、こうした「新しい脅威」は、それ自体は新しくもなんともない。テロという行為自体は人類の歴史をひもとけば大昔から存在する。しかしここ数年、とりわけ9・11以降のテロに対する懸念は、伝統的なそれに対する懸念とは人々の意識の中で大きく変わっている。その一つには、テロが起こる頻度が増し、一回のテロによる犠牲者の数も増大したということがある。つまりテロが引き起こす破壊力が増大して、人々に対して与える脅威の度合いが増大したのである。

しかもテロが大量破壊兵器と結びつくかもしれない。そうなった場合の潜在的な破壊力の大きさを「主観的」に評価した結果、テロは新たな性質を伴った脅威として位置づけられるようになったのである。さらにテロに加えて、国際犯罪や内戦やエイズのような疫病の危険性も、より「起こりやすい」または「恐ろしい」脅威として認識されるようになっている。

さらにこうした現代の脅威は、必ずしも国家をターゲットにしているのではなく、社会や個人をも直接ターゲットにしており、さらに国境を越えたトランスナショナルなものだという性質をもっている。大量破壊兵器の拡散も国際テロも疫病の蔓延も、人工的につくられた国境をやすやすと越えてしまう。しかも貿易や金融のグローバル化に大いに貢献している技術や輸送の発達が、こうした新しい脅威の破壊力をも増大させ、かつてのテロと今日のテロの脅威の性質を異なる次元のものにしている。

このように国境を簡単に越えてしまうトランスナショナルな勢力に対して、独立した一国家を基本として設計されている現代の安全保障政策は、きわめて効力が小さいという特徴をもっている。

このような脅威の質の変化を受けて、冷戦が終わった後、「安全保障」のコンセプトそのものが大きく変わっている。従来「安全保障」といえば、戦争の話であり、敵の侵略を抑止するためにどのような軍事同盟を結び、どのような防衛体制を構築すべきか、というような議論が中心であった。

しかし毎年のようにトランスナショナルな脅威による死傷者の数が、国家間紛争におけるそれを上回り、一九九九年には三万二千人の個人が国家間戦争によって殺されたのに対して、九百人以上がテロ攻撃、三万九千人が内戦で殺されており、エイズ被害者に至っては二百八十万人を超えるという現実に直面する中で、安全保障政策のカバーする範囲は、伝統的な国防から、テロとの戦いや平和維持活動、難民救済問題や市民社会の建設促進へと拡大していったのである。

つまり「安全保障」のコンセプトには、敵の攻撃を抑止・対処することに加え、テロリストの資金の流れを追跡したり、国境付近の人の往来を監視したり、紛争後の地雷や不発弾を処理したり、警察官や裁判官を訓練・育成したり、民主的な選挙を支援したり、難民キャンプに医療物資を送ったり、その他さまざまな復興支援活動に携わる企業やNGO職員を警護したりする任務が含まれるようになったのである。

そしてこのコンセプトの変化に応じて、安全保障問題における民間組織の活動の場が広がっていき、多国籍企業、圧力団体、NGOや市民運動などが安全保障政策の実施に関与するようになり、国際的な規範やルールづくりに貢献する機会が増えていったのである。こうした民間の活動の延長線上にPMCを位置づけることができるだろう。

たとえば冷戦後のユーゴ紛争やソマリアにおいて、NGOは難民救済などの「人間の安全保障」の分野で活躍し、ＰＭＣは地雷・不発弾の処理から現地の警察官の訓練・育成、それに平和維持活動にあたる軍隊の兵站支援まで数多くの役割を担うようになった。

各国政府は、新しい脅威に直面し、新しい安全保障上のニーズが増大しているにもかかわらず、それに対応するための資源は限られ、必要な専門知識や技能も不十分である。そこで個々の問題に関する専門家集団であるＮＧＯやＰＭＣが、その政府の不十分な機能を補う必要性が増していったのである。

飛行船サービス構想

このようにＰＭＣの台頭の背景には、各国が軍隊や情報機関の規模を縮小し、さらに予算の制約のために国家の安全保障にかかわる機能を民営化しはじめたという事情の他にも、新しい脅威の出現や安全保障のコンセプトが変化したことにより、政府の一機関である軍隊だけではとうてい対応しきれないほど安全保障政策のカバーする範囲が拡大し、必要とされる能力も細分化、専門化しているという現実が存在する。

対テロ戦争時代の安全保障の世界では、国家と非国家、軍隊とＰＭＣが役割を分担し、トータルで新しい脅威に対応するシステムが生まれつつある。このようにしてＰＭＣは対テロ戦争の影の同盟者として、すでに国家にとって不可欠な存在になっていったのである。

このような時代背景の中でイラク戦争という史上空前のブームを経験したＰＭＣは、さらに進化を遂げようとしている。イラクやアフガニスタンの最前線での過酷なオペレーションの経験を踏まえて、ＰＭＣ各社は、二十一世紀の新しい脅威、新しい安全保障上のニーズに応える新しいサービスを提供しはじめているのだ。

たとえばブラックウォーター社は現在、イラクでの経験を活かして戦闘地域で使用するための小型飛行船の開発を進めている。同社は子会社として新たに「ブラックウォーター飛行船社」を設立し、不安定地域の上空に飛ばして事前に情報収集や監視・偵察をする能力のある小型飛行船を開発・販売する計画を打ち出している。

同社が現在開発中の飛行船は、上空一五〇〇〜四五〇〇メートルのあいだを飛行することが可能で、上空に浮上したまま最大四日間滞在する能力を備えているという。これは現在米政府が使用している無人偵察機の継続飛行時間をはるかに上回るものである。この無人飛行船には最先端の技術を駆使した監視および探知装置が備え付けられており、上空からテロリスト等の動向を監視し、記録し、リアルタイムで交信することが可能だという。

ブラックウォーター社はこの小型飛行船を使うことで、たとえば反乱武装勢力が道路脇に米軍の車列を狙ったＩＥＤ（手製仕掛け爆弾）などを仕掛けている様子を上空から監視し、事前に危険情報を察知することに役立てられるとしている。

ＩＥＤは、現在イラクで米軍に対する最大の脅威となっている兵器で、砲弾やさまざまな弾薬の爆発物を使い、遠隔操作で爆破させるように仕組まれた仕掛け爆弾のことである。

爆薬さえあれば簡単につくれ、敵に姿を見せずにダメージだけを与えることができるこの兵器は、ゲリラ戦におけるもっとも理想的な武器である。イラクで武装勢力は、動物の死骸などにＩＥＤを仕込んでおいて道路脇に置き、米軍の車列がその脇を通過したときに遠隔操作で爆破させ多大な被害を米軍に与えている。また自動車に大量の爆薬を使ったＩＥＤを搭載して米軍の車列に突っ込んで起爆させる自爆テロも、米軍等を恐れさせている。イラク戦争で命を失った米兵の半数以上がこうしたさまざまなタイプのＩＥＤ攻撃でやられており、ＩＥＤ対策は米軍をはじめとする連合軍にとって緊急の課題である。

二〇〇六年三月十三日にブッシュ米大統領は、ジョージ・ワシントン大学で対テロ戦争に関する演説を行なったが、その中でＩＥＤ対策がいかに困難であるかを説明するために、次のように述べている。

「今年のはじめ、新しいＩＥＤ対策の技術が開発中であるという新聞報道がなされた。するとそれから五日以内にこの記事で詳述された技術をもとに、敵はこの技術を負かす方法をインターネットで流していた」

アメリカが脅威に感じているのは、敵が使用するIEDの技術が、世界中のテロリストやその支援者たちのネットワークを通じて劇的に進化していることである。大統領が挙げた例にあるように、新しい技術は瞬時にインターネットを通じて世界を駆け巡る。そしてアイルランド共和軍（IRA）のように物理的にも離れており、主義主張もまったく異なるテロ組織から、イラクのイスラム武装勢力に対して新しい技術がネットを通じて送られているのだという。文字通り世界中の知識やノウハウがイラクに集められ、IEDの能力を「かつてないほど洗練されたレベルに向上させている」のだという。

このため米国防総省はIED対策に本腰を入れており、全米の国防関係者、学者から軍事科学者まで六百名を集めたプロジェクトチームを結成して、IED対策の技術開発に全力を挙げている。二〇〇四年にはIED対策に一億五〇〇〇万ドル（約百八十億円）を費やしていたが、〇六年にはなんと三三億ドル（約三千九百六十億円）もの資金をつぎ込むのだという。

現在ブラックウォーター社が開発中の飛行船の原型は、機体の長さが三六メートルで、同社は大きさや能力の異なるいくつかの飛行船による編隊で販売したいと考えている。そして将来的には国連の平和維持活動や一般の商業活動でも使えるようにすることを狙っているという。

文字通りイラクにおいて命がけの経験をしているブラックウォーター社は、さらに新しい技術によるセキュリティ商品開発を進め、事業の多角化を目指しているのである。

友人の死が生んだ武装防護車両

ブラックウォーター社といえば、二〇〇四年春に同社の武装警備員四名がファルージャで惨殺され、そのうちの二名の真っ黒に焼けただれた死体がユーフラテス河にかかる橋につるされた衝撃的なシーンがいまだ記憶に新しい。

このとき殺された四名のうちの一人スコット・ヘルベンソンは、海軍特殊部隊シールズに所属したことがあり、甘いマスクと野性的な肉体美を売りに、フィットネス商品の通販のテレビコマーシャルや、ハリウッド映画にも出演したことのある人物だった。事業に失敗して借金を抱え、シールズ時代のツテをたどってブラックウォーター社の武装警備員になった変わった経歴のある男だった。

ファルージャでの悲惨なミッションのリーダーをつとめたヘルベンソンの不幸に、彼の親族と同じくらい悲しんだ一人にクリス・バーマンがいた。バーマンはヘルベンソンと同じくシールズに所属し、同じくブラックウォーター社の警備員としてイラクに渡っていた。しかも本来ならばヘルベンソンのチームに加わる予定だったのが、直前に配置換えの命令を受けてイラク南部のウンムカスルで別の業務についていた。

ファルージャで殺害された四名の同僚の遺体をデラウェア州にあるドーヴァー空軍基

地まで送り、そこからフロリダのヘルベンソンの母親のもとに悲しいニュースを知らせるという気の進まない仕事を引き受けたのもこのバーマンだった。

この友人の悲惨な死と、新しいタイプの戦争の現実に直面したバーマンは、「友人を埋葬すること以上の何かをしなければならないという激しい衝動に駆られた」と後に語っている。そしてヘルベンソンの葬儀に参列してから数日後に、バーマンはクウェートに「グラニット・グローバル・サービス」という会社を設立した。「グラニット」とは「花崗岩」や「堅固なもの」という意味であり、この社名が示唆しているように、バーマンは「花崗岩」のように「堅固」な防護車両を生産する会社をつくったのである。

ヘルベンソンたちを死に至らしめたファルージャでの事件は、新しい時代の市街地戦闘に不可欠な装備が何かを如実に物語っていた。「防護車両」である。米軍が使用する高機動多目的装輪車、いわゆる「ハンビー」は、泥地を進むのにすぐれておりもちろんその他にも素晴らしい機能が多数搭載されている。しかしＩＥＤに対する防護機能は不十分であり、現代の「対テロ戦争」型の市街地における戦闘には必ずしも適していない。現在イラクやアフガニスタンで米軍やＰＭＣが直面しているのは、高度に組織化された襲撃チーム、徒歩または車両を使った自爆テロ、ＩＥＤや無差別射撃などの攻撃から身を守ることである。バーマンが設計した防護車両は、まさしくこのようなタイプの新しい戦いの環境に適したものであった。

「ザ・ロックス」、バーマンが名づけたこの新型防護車両は、その名の通り岩のごとく頑丈に設計されている。同車はフォードのトラックのシャーシをベースにつくられており、七トン近い重量があるにもかかわらず最高時速は一五〇キロもあり、驚くほど高速走行が可能だ。車体の装甲は三層から成っており、車両の前後上下全体がこの三層の強力な防護層で覆われていて「百パーセントの防護性」を誇るという。さらに外側にはオプションでRPG軽対戦ロケット弾対応のカバーを取り付けることも可能だ。AK47ライフルによる攻撃程度では、乗車している人が車体への着弾の衝撃に気づかないほど防護性は高い。

クルーは四名、乗客は六名から八名まで乗車可能。さらに機関銃を内蔵した装甲搭も二台付いており、いざというときにはクルーのうちの二名が戦うこともできる。六つのガラスにはバネ仕掛けの機銃が備え付けられており、合わせて八門の機銃が三百六十度の敵に攻撃を浴びせることができる。

エアコン付きで補助発電機も搭載されているので、最長八時間はエンジンを切っていてもこの発電機で発電が可能である。ザ・ロックスはまさに小さな動く要塞ともいえる防護車なのである。価格は一台二〇万ドル（約二千四百万円）。通常の防護車両とほぼ同じ値段に設定されている。バーマンはビジネスマンである以前にプロフェッショナルな軍人であり、この商売の世界に入ったのも「兵士たちが死なずにすむよい方法を提供するため」なので、控え目な価格を設定しているのだという。

バーマンはブラックウォーター社での任務中、イラクで四十名近い死者を見てきたが、そのほとんどが食料をある地点から別の場所に輸送するといった一見なんということはない仕事中に、路上でのＩＥＤ、地雷や待ち伏せ攻撃などに遭って命を落としている。「これは二十一世紀の新しいタイプの戦争であり、ザ・ロックスはこの新しい戦争の局面に合わせて設計されているのだ」と言う。

親しい友人を亡くしたバーマンの起業は、転んでもただでは起きない米軍人の不屈の精神を体現したものと見ることもできよう。

「ミニ・ファルージャ」をつくったオリーブ・セキュリティ社

一面に綿花や稲や大豆の畑が広がるのどかな東アーカンソーの田舎に、「ファルージャ」のダウンタウンが出現した。

中東の街並みを模した町にはバザールや広場、中東の建築様式で建てられた学校やオフィスビルディングが立ち並び、ＩＥＤが爆発し、小火器による襲撃も用意されている。イラクでの米軍の困難なミッションを象徴する都市ファルージャとそこで展開される戦いをそのまま模した市街地戦闘訓練場が誕生したのである。

このミニ・ファルージャ」を建設したのはイギリスのＰＭＣ、オリーブ・セキュリティ社である。同社はブラックウォーター社などにくらべれば知名度は低いが、国際的な鉱山会社、金融機関や通信会社などを顧客に抱える大手企業の一社である。オリーブ社は二〇〇五年秋に東アーカンソーにあった「戦術爆破進入学校」という特殊戦闘攻撃チームを訓練するための専門学校を買収し、さらに近接地域の土地を七〇〇エーカーほど取得して「オリーブ安全訓練センター」を設立した。

「ここで兵士たちは、これから海外の戦闘地域で経験するであろう新しいタイプの戦闘を一足先に経験することができる」とオリーブ社の訓練責任者は誇らしげに語る。

アーカンソーにできたのはイラクのファルージャだけではない。北リトルロックには「リトル・モガディシオ」も建設されている。これも米軍にとってはトラウマの一つであるソマリアの首都モガディシオを模した戦闘訓練場である。この七四〇エーカーの市街地戦闘訓練場を一九九六年につくったのはディレクト・アクション・リソース・センターという民間の訓練専門学校である。

いまPMC各社は、二十一世紀の新しい戦争に備えるための実践的な訓練を提供するコースを競って市場に出している。多くの軍の訓練施設や訓練内容が時代遅れになってきている中で、PMCはいち早く現在進行形のニーズと新たなトレンドに合わせた実践的な訓練を商業的に開発し、意欲的に販売している。対テロ戦争は、こんな分野にまで新しいビジネスの機会を生み出しているのである。

イラク派遣前訓練サービス

二〇〇五年十一月、主に米政府を顧客としてセキュリティ訓練、軍事訓練を提供しているI社を訪問し、その訓練の一部を見学する機会に恵まれた。

アメリカの首都ワシントンDCから車で三時間ほど離れたヴァージニア州の一角。農家と牧場しかないような人口数千人の小さな町に、I社は東京ドーム九十個分はある広大な敷地の訓練場をもっていた。実弾射撃訓練用の射場が三カ所、運転訓練用のコースが二コース、それに民間ジェット機が離発着できる空港が備えてあり、バスジャックやハイジャックに対する訓練も行なうためだろう、敷地内にはスクールバスや航空機の機体も備えてあった。

I社はもともと米軍向けの民間軍事訓練会社として設立されたため、現在でも米政府との関係は緊密で、軍をはじめ警察、FBI、沿岸警備隊などが定期的に同社で訓練を受けている。視察当日には、イラク派遣を直前に控えた米陸軍のある部隊の警備担当者数十名が、イラクで多発している路上における襲撃を想定して、危機から脱出するための運転訓練を受けていた。

現地で着用するのとまったく同じボディーアーマーを装着し、事故防止のためにヘルメットを着用して、各自真剣なまなざしで車に乗り込む。ドライビング・コースの一角に、廃車を縦横に並べたコースがつくられており、ここで市街地を想定した訓練ができるようになっている。並べられている廃車の陰から銃をもった覆面男が発砲したり、IEDを模した爆破物が爆発したりするような仕掛けがされており、車を運転する生徒たちは検問所で不意の襲撃を受けて、即座にバックで急発進しそのままトップスピードで走り、急転回して猛スピードで逃げる訓練などを行なっていた。通常の軍の訓練では、バックで猛スピードで車を動かすことなど教わらないので、はじめのうちは皆不慣れである。しかし何度かやるうちに見る見る腕が上がっていく。

同じく路上における襲撃の危機から脱出するために、前方に障害として駐車してある車に車体をぶつけて突破する訓練も繰り返し行なわれていた。「ラミング（ぶつけること）」テクニックと呼ばれるものだが、前方に横向きに置かれた車のどこにぶつければ容易に突破できるかを、まずは理論的に教室内で講義を受けて学ぶ。そしてそれだけでなく、実際に車をぶつけて身体で覚えさせている。

I社のM社長は、「われわれはふだん、他の車にはぶつけないようにと教わって運転をしている。だからぶつける感覚を肌で知っておかないと、いざというときに本能的に動けないものなのだ」と説明していた。実際に私もやってみたが、車にぶつけた瞬間に戸惑ってしまいアクセルを放してしまった。車が他車にぶつかった衝撃にもかかわらずアクセルを踏み続けるには、たしかに訓練が必要だと実感した。

敵の襲撃から逃げる訓練では、その襲撃現場をなんとか切り抜けたとしても、その後もたもたしているとゲリラを装う教官の車に追い立てられ後ろから遠慮なくぶつけられる。よくアクション映画でみるカーチェイスの迫力を目前で味わった。当然訓練場の一角には、ボコボコにへこみ見るも無残な廃車の山ができていた。

「ときには一日であのように廃車になってしまうことがある。毎週何十台という単位で廃車にするような訓練をしているが、こういう訓練は警察でも軍隊でもやっていないよ」と教官の一人が廃車の山を見ながら説明してくれた。

「当社はもちろん運転訓練の他にも射撃訓練や監視行動訓練なども行なっているが、イラクから帰ってきた軍人たちは、一番現地で役に立ったのがこの危機回避運転訓練だったと口を揃えて言っている。新時代の市街地戦闘では、まさにこのような訓練が必要になってくるということの証しだろう」とM社長は述べていた。

折しもこの視察時にヨルダンで同時多発テロが発生したとのニュースが飛び込んできたが、M社長はしばらくして状況が落ち着いたらすぐに同社の人間をヨルダンに派遣し、米政府当局やヨルダン治安関係者にインタビューをして今回のテロの状況に関する最新の情報を収集し、現在同社が実施している対テロ訓練に足りない要素はないか、新たに加える訓練はないかを分析する予定だと語っていた。

日本では、軍隊や警察が民間企業で訓練を受けるなど考えも及ばないが、じつは民間企業のほうが特定の官僚機構の壁を越えて幅広い人材とそのスキルやノウハウを集め、最新の情報をもとに柔軟かつクリエイティブに斬新な訓練プログラムを組み立てる能力があることに気づかされた。

Ｉ社では、デルタフォース、海兵隊、シールズ、ＣＩＡ、ＦＢＩ、沿岸警備隊などで反テロ作戦にかかわった経験のあるエキスパートを教官として集め、それぞれの良い部分をミックスさせたきわめて包括的でユニークな訓練プログラムを開発していた。テロ対策のように省庁の縦割りを越えなければできない分野では、民間のほうが進んでいる場合があるのだ。

このように欧米のＰＭＣは、いまや新しい「対テロ戦争」が生み出すさまざまなニーズに応える新たなビジネスを精力的に展開している。イラクだけでなく、すでに多方面にわたってＰＭＣのプレゼンスは高まっている。欧米の軍隊や情報機関は、もはやＰＭＣという影の同盟者の存在なくして、新しい時代の戦争を戦い抜くことはできなくなっている。

「良い、悪い」の問題ではない。これがＰＭＣ台頭という新しい現象の背後にある安全保障の世界の現実である。

第7章
対テロ・セキュリティ訓練

ジャーナリスト向けセキュリティ訓練

二〇〇五年七月二十五日から三十日まで、イギリスのT社が開催しているジャーナリスト向けセキュリティ訓練に参加した。

T社はイギリスの放送局B社のセキュリティ・アドバイザーをつとめている会社の一つで、B社のジャーナリストやスタッフを対象に、毎月、危険地域における総合的な危機管理訓練を行なっている。B社は「ハイリスクチーム」を社内に設置し、世界中のリスク情報を収集・分析して同社のスタッフに提供しているだけでなく、危険地域に派遣される記者や取材クルーのために、派遣される地域のリスク評価、危機管理計画の策定やそれに必要な装備品の調達などを専門的に行なっている。安全対策に関しては非常に力を入れている会社の一つである。

このように取材スタッフの危機管理を徹底しているB社は、危険地域に派遣される前のスタッフに対して、T社のセキュリティ訓練に参加することを推奨している。T社が毎月行なっているこのジャーナリスト向けの訓練は、主にB社という顧客を対象に構成されているが、国際的な非政府組織（NGO）をはじめ、B社以外の団体や個人でも希望すれば参加が可能である。

今回の訓練の参加者は十四名だが、私以外はすべてB社の関係者だった。パレスチナ、ガザでの取材を控えたイギリス人の女性記者、ブラジルで記者の支援をするスタッフの女性、南米で組織犯罪や誘拐ビジネスの取材を行なう予定のイタリア人の男性ディレクター、B社アラビア語放送でエンジニアをしているパレスチナ人の男性、B社アフガニスタン支局で働く現地の特派員など、国籍も専門も異なる多彩な顔ぶれであった。

訓練会場になったのは、イギリスの首都ロンドンから電車で三時間ほど揺られた南東イングランドのバークシャーにあるイーストハムステッド公園コンファレンスセンターであった。この公園は、中世のころはウインザー・グレート・フォレストの一部を成し、王族がハンティングのために使った場所だという。この公園にある建物は一八六四年に完成し、現在でも環境省が「歴史的で建築上の関心の高いもの」として保護している文化的な遺産でもある。会議場になっているメインの館と宿泊用のロッジが広々とした公園の中にあり、緑が生い茂った快適な環境である。中世の英国貴族の雰囲気が強く漂う静かな別荘地で、「危険地域における安全対策訓練」をやるというのは、なんともミスマッチで不思議な気分であった。

訓練は「安全対策」と「救急救命《ファーストエイド》」という二つの柱で成り立っており、安全対策関連の授業の後にはファーストエイドの授業がくるというように、交互にプログラムが組まれていた。教室内での講義形式の授業や実技指導の後には、必ず屋外で実際に身体を使った実技訓練が用意されており、きわめて実用的、実践的なプログラムになっていた。

教官はファーストエイド担当者が二人、安全対策担当者が二人の合計四人である。教官のチーフをつとめたのは、安全対策を担当する元英国情報機関MI5の女性カレンで、もう一人の安全対策の教官は元英海兵隊員のマーク。ファーストエイドは、元特殊空挺部隊(SAS)のミックと元海軍のテリーが担当した。

危険地域における救急医療の基本

最初の授業はファーストエイドの導入だ。危険地域で負傷者などに遭遇した場合、まず考えなくてはならないことは何か。緊急事態に遭遇したとき、たいていの人はパニックに陥り、的確な判断が下せなくなるものである。負傷者が助けを求めているからといって、その負傷者のもとに不用意に近づいてしまっては、第二次、三次の被害を招くことになりかねない。

このコースでは、負傷者と遭遇したときにまず考えるべきことを、「DRAB」と名づけて参加者に徹底して覚え込ませている。Danger(危険)のD、Response(反応)のR、Airway(気道)のA、そしてBreathing(呼吸)のBの頭文字をとったものである。つまり、D=危険が自分自身もしくは負傷者にないかどうかをまず確認すること、これが何よりも優先されるという意味である。危険がないことが確認された後にR、つまり負傷者の反応をチェックする。声をかけたり、近づいて軽く肩をゆすって反応をうかがい、負傷者に意識があるかを確認し、次にA、つまり負傷者の気道が詰まっていないかをチェックする。口を開けて何か中に詰まっていないか、舌を巻いていないかを確認し、最後にB、つまり呼吸をしているかどうかを確認するという手順である。T社のファーストエイドクラスでは、「DRAB」の手順が徹底的に叩き込まれる。

この導入授業の後は、基礎的な心肺蘇生法のテクニックをマネキンを使って繰り返し練習し、次の授業では止血や骨接ぎ、さらには火傷などの外傷に対する対処法を一つ一つ学んでいく。面白いのは教室内で基本的なことを学んだ後、必ず「じゃ、外に出るぞ」と教官に連れられて屋外での実践的な訓練が用意されていることである。たいていは外に出てみると、草むらに別の教官が血だらけで倒れていて（もちろん人工的な血のりである）、皆で治療を施すといったパターンである。はじめのうちは一人の負傷者を複数で手当てするという訓練をするが、そのうちに一人に対して一人の負傷者、一人で複数の負傷者を手当てしなくてはならない状況に発展していく。このためT社は、負傷者役として本物の役者のエキストラを雇っていて、日を重ねるごとにエキストラの数が増えていくのである。

屋外訓練はたとえばこんな具合だ。われわれ生徒は四人ずつのチームに分かれて、一チームずつ公園内の決められた場所に車で移動するよう指示される。決められた場所に着いてみると、そこでは二台の車が衝突した直後の事故現場になっている。一台は横倒し、もう一台は完全にさかさまになっている。さかさになった車には女性が二人、男性が二人血だらけで乗っており、一人の女性は意識を失っており、もう一人の女性は半狂乱に陥って叫び散らしている。もう一台の車に乗っている運転手の男性も血だらけで「痛い、痛い」とわめきながらクラクションを鳴らし続けている。

こんな状況下で各自分担して負傷者を治療するという訓練である。まずこのようなパニック状態に遭遇すると、冷静な判断ができなくなる。どこから何をしていいか、頭が真っ白になって動けないものだ。かろうじて「DRAB」を思い出して危険をチェックした後、恐る恐る負傷者に声をかけて反応をうかがい、救急措置にとりかかる。負傷者のどこがどうなっているのかを瞬時に判断して、必要な措置を施すのは容易なことではない。

また別の訓練では、二人ずつ組になって順番に地下のある部屋に行くように指示される。教官から知らされているのは「その部屋が暗くて、一人負傷者がいる」ということだけである。二分間でその負傷者がどこにどのような負傷をしているのかを調べてくるという訓練である。

「よーい、ドン」で地下のその部屋に飛び込むと、その部屋は真っ暗で何一つ見えないだけでなく、空爆と機関銃での激しい戦闘が行なわれているような効果音が部屋中に最大ボリュームで流されている。文字通り手探りで部屋の中を探ると、たしかに人が倒れている。全身を手探りで触りながら、頭が濡れていることを確認する。「頭から血が出ているぞ」とパートナーに報告すると、もう一人は腕に大きな傷があることを発見した。この時点でタイムアップの合図が教官からあった。

全員の訓練が終わった後に負傷者役の教官が現われて再現してみると、その教官は口から水を吐き、腕の他に片足には大きな切り傷があり、腹部にも銃弾で撃たれた痕があった。混乱した状況下で短時間に負傷者の状況を調べることの困難さを教えられる。

安全対策の基本は徹底した事前準備

安全対策の授業も、ジャーナリストが危険度の高い国で活動するということを想定した実践的な内容になっていた。

最初の授業は、個人的な対立をいかに管理、コントロール、回避するかというもので、敵対的な群衆に囲まれた場合の対処法であった。ＰＭＣの中には、護身術としての戦いの技術を教える会社もあるが、Ｔ社の場合は徹底的に対立を回避することに主眼が置かれていた。中途半端に戦いの技術を学ぶよりはこちらのほうが合理的だ。

授業では、潜在的に敵対的な対応をする可能性のある群衆の中に入ってインタビューをするという設定で、屋外で実動訓練が行なわれた。三人ずつのチームに分かれ、一人がマイクをもったインタビュアー、一人がカメラマン、一人が音声という設定で残りの生徒と教官が群衆役を演じる。

インタビューを受けた群衆の中の一人がしだいに激高し、群衆もそれにつられてしだいにエキサイトしていき、声を荒らげて三人を取り囲むというシナリオである。三人はあらかじめ、万が一のときのエスケープルートを決めておき、群衆に囲まれたときにはまず三人が腕をしっかりと組んで絶対に離れ離れにならないように注意する。とにかく三人がばらばらにならないことが一番のポイントである。四方から囲まれていることから、三人は腕をしっかりと組みながらも、顔と身体は三方向に向けて前後左右の動きを把握し、組んだ腕の中にとられてはいけないカメラを隠し、空いた手を前方に突き出して相手との空間を保ちつつ、半歩また半歩とエスケープルートの方向に後退していくのである。なるべく相手とコミュニケーションをとることに努め、一、二発殴られたとしても攻撃的に反応することはせず、ひたすら三人による陣形を崩さずに後退することが肝要だとされる。

このようにTVクルー役と群衆役を交代しながら何度かこの対処法を練習した。

危険地域への派遣が決まった後に、事前にどのようなことを準備すべきかをグループで考える授業もあった。グループに分かれ、事前に考慮しなければならない事項やリスク評価について意見を出し合う。最新の地図、現地の政治情勢、歴史的背景、宗教、服装や習慣、外国人に対する一般的な態度、法律、病院の所在やその他医療サービスの有無、疫病などの有無、治安部隊の動向、行ってはいけない地域、戒厳令の出されている地域の有無、現地のガイドや通訳の手配の仕方、避難計画、重要な現地語のフレーズ、現地を訪れたことのある経験者へのコンタクト、通信手段の有無、電力事情、気候、交通機関、飲料水、緊急連絡先の確認等々、事前に調べることはざっと挙げただけでも相当ある。

とにかく行き当たりばったりの行動をとらず、つねに事前に調べられることを綿密に調べ、計画を立ててから行動することが、リスク軽減のための基本であることを教えられる。

銃火からの避難と地雷原からの脱出

このコースは、内戦や紛争が行なわれている危険な地域に足を運ぶ予定のあるジャーナリストを対象としているため、思わぬ銃撃戦に巻き込まれたり、地雷の危険の高い地域に迷い込んでしまうという事態を想定した授業も用意されていた。

「銃火から避難する」ための授業では、まず教室で紛争地で使用される主要な小火器や重火器、それに迫撃砲などの種類や特性についてスライドやビデオを使った解説がなされる。そしてその後は近くの射撃場まで移動し、そこで実際に教官がいろいろな物体をいくつかの種類の銃で撃ち、その物体の防護性や銃の破壊力について目で見て確認する。

たとえば自動車のドアがピストルで簡単に撃ち抜かれているのを見れば、万が一発砲を受けたときに車のドアの陰に隠れてもだめであることが一目瞭然である。木材だとどの程度の厚さのものがどの程度の破壊力の銃で貫通してしまうか、ブロック塀でも高速度のライフルなどでブロックとブロックのあいだのセメント部分を二発、三発と撃たれると、しだいに崩れていくこと、砂袋だとたとえ高速度の銃で撃たれても弾丸の回転力を殺して吸収してしまうためか防護性が非常に高いこと、などを学ぶことができるわけである。

続いて今度は公園に戻って実際に身体を動かして身を隠す訓練を行なう。二チームに分かれ、一チームは一人ずつおもちゃのピストルをもち、もう一チームが丸腰で隠れる練習をする。丸腰チームが公園内を歩いていて、ピストルチームに出くわし、発砲されたら、その銃声がした方向とは逆の方向に走り、防護性の高い物体の陰に身を隠すという練習だ。相手がピストルをもっている場合には、とにかく遠くまでダッシュして逃げ、コンクリートの壁などにすばやく身を隠すように指導を受ける。

教官に先導される丸腰チームが前方にピストルチームを発見したらすばやく後方に走って逃げ、隠れる、という練習を繰り返す。慣れてくると、今度は教官が、前方にピストルチームがいるにもかかわらず、後方に回り込んで後方で発砲する。前方にピストルチームを見ながら後方から銃声がしたのだから、丸腰チームは血相を変えて散り散りに逃げていく。そんな訓練を何度か繰り返した。

「地雷原からの脱出」の授業でも、はじめは教室内で基本的な地雷の仕組みや種類、不発弾や仕掛け爆弾についての講義がなされる。「紛争地を歩いていて路肩に目を引くような物が置いてあったら、まず不発弾や仕掛け爆弾である可能性を疑うように。絶対に手を触れない、ましてお土産にもって帰らない」と教官は何度も注意を促した。日本の某新聞社のカメラマンで、不発弾をもち帰ろうとして途中の空港で爆発した事件を思い出し、「事前にこのような訓練を受けていれば」とリスク管理意識の低い日本のマスコミに思いをいたした。そのカメラマンもこのような安全訓練を事前に受けてさえいれば不発弾に手をつけるようなことはなかったであろう。

ちなみにこのコースは、五泊六日の宿泊代および三食付で約五十万円である。その新聞社のカメラマンが起こしたような事件や事故が十分に防ぎうるものであったことを考えれば、この五十万円という額は決して高いものではないだろう。

ジャーナリストが気をつけなくてはならない対人地雷は、たいてい土の中の表面に近い部分に埋めてある。だから万が一地雷原に足を踏み入れてしまったとしたら、足を動かさずに手で土の表面をさすって地雷が埋めていないかどうかチェックし、次に針金のような細長いもの（ペンでもよい）を斜めに地面に刺して地雷が埋められていないかを確認する。地雷は上からの重みや衝撃で爆発するが、側面を針金でつつかれても爆発はしないからである。手と針金で地雷がないことを確認したらその部分にマークを付けて足を乗せる。この作業を少しずつ繰り返して一歩ずつ地雷原の外に脱出するという練習である。

この練習を一通りやった後は、実際に地雷が埋めてある（もちろん音と煙が出るだけのものである）道路脇の草原にマイクロバスが入って動けなくなってしまったという想定で、そこから一人ずつ降りて舗装道路まで戻るという訓練が行なわれた。

この場合、先頭の人間の役割が大である。しっかり手探りと針金で安全な足の踏み場を確認してそこにマークを付け、次の人間が踏み間違えないようにしなければならない。このマーク付けが不明確であるために、後続の人が安全部分から足を踏み外し、地雷を踏むというケースが見られた。この場合、訓練なので煙に巻かれるだけですんだが、本物の地雷だとしたら……。しかし、本物の地雷原に突っ込んだとしたら、こんなに冷静に針金で確認などのんき気にできるものだろうか。

いずれにしても、知らないよりは知っていたほうがましだろうということで自分を納得させた。

英陸軍演習場を借りて総合演習

コースの最終日は、これまで学んだすべての要素を含んだシナリオ形式での総合演習である。近くの英陸軍の演習場の一部を、「ホステリア共和国」という「カフーナ将軍」が軍事独裁を敷く架空の国に見立て、その国でTVクルーに扮するわれわれが取材をするという設定である。七人ずつ二チームに分かれ、合計三つのシナリオで演習を実施した。

ホステリア共和国の警察は黒い制服と帽子を身につけており、彼らと軍事闘争を繰り広げる反政府勢力「PRF」はさまざまな服装をしている。国連も介入しており国連軍の兵士たちはブルーのヘルメットに迷彩服を着ているという設定だ。

最初のシナリオは、最近PRFによって虐殺されたと思われる大量の死者の集団墓地が発見されたという情報を入手したので、その墓地の取材をするというものである。各チームは国連の検問所の場所、集団墓地の場所、そしてすでに明らかになっている地雷原の場所が記された地図を渡される。二チームは二台のジープに分かれて、車列を組んで宿泊地から陸軍の演習場まで移動する。これも大事な訓練である。

演習場の入り口が国連の検問所になっており、演習がスタートした。

国連の検問所を過ぎると、すぐ目の前にPRFの検問所が現われた。一人、二人、三人と黒いマスクを被り、武装した集団がわれわれのジープに接近してきた。そのうちの数人が発砲し、われわれのジープはたちまち包囲されてしまった。まったくなす術もない。武装集団はわれわれに対して車から降りるように命令し、全員ジープから降ろされた。われわれは全員道路脇に立っていた小屋の壁際に一列に立たされた。PRFのメンバーたちは大声を出し、怒鳴り声を上げながら、一人ひとりに「何しに来たのか？　どこへ行くのか？」と質問を浴びせてきた。

ちなみにこのPRFのメンバーは、国連兵士や警察官と同様、この演習のために雇われたエキストラで、われわれがこれまでに会ったことのない面々である。T社はこの演習のために数十名の東欧系の元軍人たちを雇っていたのである。もし武装勢力役が同じ英国人だとわれわれの気が緩むと考えたのだろう。東欧系のゴッツイ元軍人たちをこのためだけに雇っているのだから本格的な演習であることがわかるであろう。

われわれのチームメンバーは、万が一捕まったときのために、集団墓地がある場所の近くの村で村の一般的な生活についてインタビューをするということにしていた。そこで全員口裏を合わせて同じことを話したのだが、「ウソつけ！　本当のことを言え！」と武装したゲリラたちは怒鳴りまくる。ゲリラたちは車の中を隅々まで物色し、地図を発見した。地図にはもちろん集団墓地までのルートが赤色で記されていたため、われわれが話していることと地図に記してあることとの矛盾点を指摘してさらに激高するPRFのゲリラたち。

さらに灰皿の中からは軍のIDパスが出てきた。「なんだ、これは？　お前ら軍人だな！」われわれは「車両セキュリティ」の授業で、「出発前にはレンタルする車を徹底的に調べること」を教わっていた。教官たちは、われわれがしっかりと車内を点検したかどうかを試すために、灰皿に軍のIDパスを忍ばせていたのである。「やられた！」われわれのグループのリーダーが、「この車は今日借りたのだが、そんな物が入っているなんて知らなかった」と主張したが、「ウソつけ！」とゲリラたちはしつこく追及してきた。

われわれは全員、所持品を出させられ、現金と他の金目のものはすべて奪われた。そしてリーダーであるドミニク以外全員車に乗るように指示された。われわれのIDとカメラもとられたままだ。南アフリカ出身の女性編集者ゲイルが「IDを返してほしい」と恐る恐る尋ねると、ゲリラのリーダー格の男が、「これが大事か？　じゃわれわれに対するリスペクトを見せてみろ！」とドスの利いた声で言う。ゲイルが札束を取り出すと、「全部よこせ！」と言われて鷲掴みでとられてしまった。

「お前たちのリーダーは預かる」とその男が言った。「それはだめだ。彼と一緒でなければわれわれは動かない」とふだんは陽気なスコットランド人のフィンローが断固とした態度でねばった。ゲイルが車の床下に隠していた金を取り出して、「これがわれわれのもっているすべてです」とさらなる「リスペクト」を見せた。

ゲリラのリーダーは渋々ドミニクを連れてきてその金と交換した。そして「カメラは要らないのか、お前らの仕事に必要じゃないのか」と挑発的に聞いてくる。

「もうお金は全部渡したから何も残っていないわ」とゲイル。すると捕まっていたドミニクが、「俺は少しもっているぞ」と言ってポケットから金を取り出して渡した。「これじゃ足りないな。誰か腕時計はもっていないのか？　指輪は？」貪欲なゲリラはわれわれを見回す。誰も腕時計をしていなかったが、ゲイルが指輪をしていた。「私の指輪をあげるからカメラを返して」。指輪と引き換えにカメラを渡したゲリラは、「早く行け！」と怒鳴りちらした。

すぐにゲイルが無線でもう一台のジープに連絡を入れる。もう一台の車はわれわれの後ろにいたからだ。後続の車を待つべきかどうか迷ってノロノロ走っていると、「早くとっとと消え失せろ！」とゲリラの一人が発砲してきたので、われわれは慌ててジープを飛ばした。

われわれはもう一つのチームと、離れ離れになったときの待ち合わせ場所を決めていたが、一本道のわれわれの後ろで彼らがいま、われわれと同じようにゲリラに身ぐるみはがされているのは確実であるため、路上でしばらく待つことにした。

周囲を警戒しながら待つこと二十分。後ろからジープの姿が見えた。が、もう一つのチームは前方にいるのがわれわれのジープかどうか確認できずに、警戒して停車している。「ブレーキを二回踏んでくれ」。彼らが無線で要求する。われわれの運転手が二回ブレーキを踏んではじめて彼らはわれわれのところまでジープを走らせてきた。

われわれは再び二台連なって前方へ進む。しばらく行くと前方に黒い制服と帽子を被った男がいる。「警察だ。一人だ。拳銃をもっているぞ」。皆口々に情報を報告し合い、無線で後続車に伝えた。スピードを落としてゆっくりとその警察官に近づく。「ハロー!」「IDを見せてください。それから車検証も」とその警察官はわれわれに尋ねた。「後続の車はわれわれの仲間ですが、ついさっき強盗に遭ってIDをとられてしまいました」。「どこで強盗に遭ったのですか?」「つい二キロくらい手前です」「あれ? この車、自動車税を支払ってないね」。急に警察官の表情が険しくなった。「しまった、また教官にやられた!」出発前に書類までチェックをしなかったのである。「困ったな、この車は運転してはいけないぞ」。「すみません、今日借りた車でチェックをしていませんでした。次の村ですぐに支払います」。警官は渋々われわれを通してくれた。「車両セキュリティ」の授業では、車検証の類もすべてチェックをするように指導を受けていたが、車両チェックをした担当が怠っていたのだ。通常外国における取材で車を借りるときは、隅々まで点検する時間がなく車に乗ってしまうことが多いが、紛争地や危険地域に行く場合は、とくに念入りに徹底した事前点検が必要であることを学ばされる。

無事に警察の検問を通過して目的地へと向かう。森の中を抜けると一本道の左右両側に草原が広がるが、道路の進行方向左側は地雷原であることが地図に記されている。ゲイルが無線で左側が地雷原であることを念のため後続車に伝える。「目的地の集団墓地まではあと何百メートル直進してから左折」などと地図を見て確認し合っていると、突然前方から黒いマスクを被り、軍服を着たＰＲＦのゲリラたちが発砲しながら走って近づいてきた。運転手役の教官が車を停めて外に飛び出した。「ゲットアウト！　皆外に出て逃げろ！」ドミニクの怒鳴り声とともに全員車から降りて後方に走り出した。道路の左側は地雷原だから右後方の草原に飛び降りて後方の森まで走るしかない。「行け、行け、行け！」

「うわっ、腕を撃たれた！」運転手を演じる教官の左腕から大量の血が流れ出る。ドミニクが運転手の肩を支えながら走る。私はその横を運転手の腕の傷を手で押さえ、圧力を加えて止血しながら走った。森の中まで三百メートルほど走るともうゲリラたちは追ってこない。彼らはわれわれの車を奪って去っていった。

出発前に七人のチームメンバーは、役割分担をしていた。無線係、カメラ担当、救急キットをもつ係、ナビゲーション担当等々、それぞれの持ち場を決めていた。私は救急キット担当だったのだが、このときたまたま肩からかけていたため、中から大型の包帯を取り出し、ドミニクと二人で運転手の怪我の処置に取り掛かった。傷口は二カ所、弾丸が腕を貫通していた。運転手を横たわらせ、左腕をもち上げて私はすばやく包帯を巻き止血処置を施した。さらに他に負傷がないか二次検査もした。他に傷はないようだった。

ゲイルが無線で国連の医療センターに連絡をする。国連から返事を受けたゲイルが残念そうに言う。「救援はあと二時間くらいかかるそうよ」。ジープもなくなり、途方にくれたところで運転手役の教官が「はい、ここでシナリオは終了」と宣言。演習の第一幕が終わった。

後続車の運転手役をつとめた教官のカレンが、第一シナリオの狙いと課題について説明をはじめた。ホステリア共和国に着くまでに二回も道を間違えたこと、集合場所に関する地図記号を確認し合うことに時間を費やしてしまい、本来のナビゲーションに専念できなかったこと、事前の車両点検が不十分だったことなどの指摘があった。この反省会にはいつのまにかゲリラのリーダー役をつとめた男性教官も加わっていた。ゲリラによる検問でのわれわれの対応について、ゲリラ側から見た評価をしてもらった。

「全般的に皆の対応はよかった。誰一人として攻撃的に反応するものがいなかったので、こちら側が攻撃的につけ入る隙があまりなかった。ただし、何人かがわれわれが出したウイスキー（中身はお茶）を断ったね。せっかくわれわれが差し出したものを断るのはそれだけで悪い印象を与え、攻撃的な反応を引き出すことになりかねないので、ゲリラが飲み物や食べ物を与えてきたときには必ず飲み、食べたほうがいい。そしてそこでお礼を言うなりして関係をつくることを試みるべきだ。こうしたきっかけをうまく利用して相手を怒らせないように、攻撃的にさせないようにすることが大事だ。それから地図。地図に目的地までのルートを書いておきながら、皆が口で言う目的地が違っているのはあまりに不自然。それに何人かは目的地や「集団墓地」などと書かれたメモをもっていた。検問では所持品や車の中は徹底的に調べられると思ったほうがいい。それから金を払う場合も最初から大量の札束を見せてはだめだ。全部とられるに決まっている。少額ずつ小分けにして用意しておくこと」

最後のゲリラからの発砲に関しては、「全員車から降りて逃げ出すのが遅すぎる。われわれが走って射程距離に近づく前に逃げなくてはだめだ。この一本道でUターンをする時間があったか？　走って逃げる以外に選択肢はない。瞬時に判断して動かなくてはだめだ」

するとその後カレンが私に握手を求めてきた。「よくやったわよ、イズル。この演習で救急キットをちゃんともって逃げたのはあなたがはじめてよ」。そういえばもう一台のジープで救急キットを担当していたスティーブは手ぶらで逃げていた。その他、カメラ担当者、ナビゲーション担当者も皆、カメラや地図は車に置いたまま逃げ出していた。

左腕を撃たれた運転手役の教官マークは、「これまで私が受けた治療の中でベストの処置だったよ、イズル」。銃火に晒されている緊急事態でも、自分の持ち物、責任は何かを忘れずに行動しなければならないことを教えられる。反省点の多かった演習の第一幕はこうして終了した。

「国連本部が迫撃砲で攻撃される」第二シナリオ

三十分から四十分の休憩の後、次のシナリオが言い渡された。受けとったのはカメラ一台、救急キット一組と地図二枚。今度は難民キャンプまで徒歩で行き、国連人道援助担当の職員にインタビューをするという設定だ。出発までの時間は十五分。この間に目的地までのルートを決め、万が一離れ離れになった場合の待ち合わせ場所を決めた。

コースが決まると全員で出発。地雷の危険があるので舗装された道以外には出ないように注意する。慎重に周囲に気を配りながら進む。しかし舗装道路から脇道に入らなければ難民キャンプまでは行けない。現地人の案内役の教官テリーが、「ここはいつも国連の車が通っているから大丈夫だ」と言う。念のため車のタイヤの跡を慎重に歩いていく。

しばらく進むと道沿いの小さな小屋から老人が飛び出してきた。「大変だ、怪我人だ。赤ん坊も怪我をしている。助けてくれ！」道から小屋を覗くと女性が血みどろで倒れており、初老の女性が赤ん坊を抱きながら叫んでいる（もちろん赤ん坊は人形だ）。何かの罠ではないかと疑って躊躇していると、ブルーの帽子を被った国連の女性が中から出てきて「お願いです。助けてください、大変なのです」とわれわれをせかす。

慎重なリーダーのドミニクがやっと決断して、「よし、中に入ろう」。ブラジル人のアンドレアが血みどろの赤ん坊の容態を見る。呼吸をしているか確認し、心臓のポンピングをするがだめ。母親は絶叫しているが彼女自身に身体的異常は見られない。私が駆け寄った血まみれの女性は顔から身体まで焼けただれた痕がある。「火傷だ！」ドミニクが言うとミネラルウォーターのボトルをもってきて身体にかける。「OK、OK、大丈夫ですよ」と女性をなだめていると、「パン、パン！」とすさまじい銃声が聞こえた。「全員外に出ろ！」「壁に手を突け！」われわれは小屋から出て道の反対側の壁に手を突いて立った。ゲリラ男は小屋の中にいた老女と女性を連れ去り際にもう一度発砲し、車で逃げてしまった。見ると国連の女性が右腕を撃たれている。再び皆で応急処置をし、国連に連絡。国連の医療スタッフが近くまで迎えにくることになった。いままで歩いてきた道を、今度は怪我人を連れて引き返すことになった。

ゆっくり歩きながら国連の医療スタッフが向かっている場所まで歩いていくと、林の向こうに「UN」の車が停まっているのが見える。「あっ、国連だ！」と近付いてみると、国連の車両は草むらの中に突っ込んでおり、運転手が血みどろになって運転席の横で倒れている。「ヘルプミー」。われわれを見つけたその国連スタッフは助けを求める。腕を負傷している国連女性も半狂乱のように同僚のもとに近付こうとする。

しかし、「まず危険がないかどうか確認する」ことを徹底されているわれわれはすぐには近づかない。見ると国連の車の近くには「地雷」と記された表示が立てられてある。ここは地雷原として知られている場所だったのである。「地雷原だ、イズル、針金を出せ」。数名が地雷原から抜け出すために習ったテクニックを使って地雷原に入っていこうとする。するとドミニクが口を開いた。

「ちょっと待て、あそこまで無事に行けたとして、どうやって怪我人をここまで連れてくるんだ？」

「助けてくれ！　お願いだ！」負傷した国連スタッフは絶叫する。これは倫理的なジレンマである。怪我人を助けるために地雷原に入ればさらなる被害者が出る。「いま、国連本部に助けを頼んだ。すぐに助けが来るから静かに待っているように」。われわれはこの哀れな国連スタッフを地雷原に残したまま、国連の本部へと戻っていった。

救援に来た国連スタッフが地雷原にはまってしまった以上、自力で国連本部まで戻るしかない。われわれは再び負傷した国連女性を連れて歩いていく。やっと国連本部にたどり着く。各自IDカードを渡して事情を説明していると、「ドバーン、ドバーン」とすさまじい爆発音が聞こえ、全員一目散に建物の陰に身を隠した。国連の兵士が数名、彼らにインタビューに来ていた地元のTV局のスタッフが数名倒れている。いつまでも建物の陰に隠れているわれわれを見て、案内役の教官テリーが声を出した。「迫撃砲が二発炸裂したがもう危険はないぞ！」

この声を聞いて皆一斉に飛び出して治療にとりかかる。怪我人は全部で六名。軽傷から重傷までさまざま。一人が一人の負傷者の治療にあたるあいだ、リーダーのドミニクは本国の国連本部に連絡を入れ、現在地や被害状況を報告し救援を求めた。救援はヘリコプターで来るが、一度に二人しか乗れないという。ドミニクが全員の状況を調べて誰が最初に乗るべきか、負傷者の状況に応じて優先順位をつけていく。ドミニクがヘリに乗せる負傷者の優先順位をつけ終わったところでこの第二シナリオ終了のアナウンスがなされた。

「全員が人質」の第三シナリオ

第二シナリオの反省会と昼食の後、いよいよ最後のシナリオが発表された。今度はホステリア共和国のサバンスキー警察長官にインタビューするという設定だ。最近ゲリラPRFの政府への攻撃が激しくなっており、つい先日も警察がPRFの待ち伏せ攻撃に遭い、双方に相当の被害が発生した。この事件に関して警察長官に話を聞くというシナリオである。

われわれ十四名全員が二台のジープに乗り込み、地図が二枚、無線機が二台、救急キットが二セット渡される。出発までの時間は二十分。今度は前回の失敗を繰り返さないため、地図には目的地の近くにある難民キャンプまでのルートを書き込み、もしPRF

に遭ったらこの難民キャンプに行くことにするよう全員口裏を合わせた。車両の点検も徹底的に行ない、いざ出発。

しばらく車で進むと、道を塞ぐようにジープが停まっており、その前に黒い制服を着た男が座っている。「なんだ？」離れた位置から様子をうかがう。警察官が二人、そのうちの一人が負傷しているようだった。「罠かもしれないな？」「車はこのままにして、誰か様子を探りに行こう」。ドミニクとイタリア人のボニートが恐る恐る近づいていく。戻ってきたドミニクが、「イズル、救急キットをもってきてくれ。警官が軽傷を負っている」。

警官の一人は手を負傷しており、包帯が巻かれていたが、炎症を起こして腫れ上がっている。治療薬は何もないので新しい包帯を二セットと水を渡した。「この道の先には地雷があるので、この脇道を行くように」とその警官からアドバイスを受ける。

きっとこの先で待ち伏せかゲリラの検問があると思っているので、皆、ゆっくりと車で進む。「何かある」と予想していても、突然道路脇の草むらから覆面男たちが発砲しながら飛び出してくると、一瞬心臓がドキッとするものである。運転手が車を停めた。「急いで外に出ろ！」すさまじい怒鳴り声で覆面男たちがわれわれを一人ずつ引きずり下ろし、道路脇で両手を頭に乗せてうつ伏せになるよう命じた。そして一人ひとり頭から黒い麻袋のようなものを被せられる。まったくなす術もない。「ウッ！」なんと息苦しいものか。袋を被せられただけで一気に呼吸が苦しくなる。肩からかけていた救急キットを奪われると、「立て！　コラッ！」と強引に立たされて、誰かの肩に手を当てさせられた。「そのまま走れ、急げこのブタども！」どうやらわれわれは全員一列になって前の人の両肩を摑んでムカデのように連なって行進をさせられたのである。

前の人の靴の踵を踏んでつんのめりそうになりながら百メートルくらい走らされただろうか。袋を被せられて呼吸が難しいため異常に体力を消耗する。心臓はバクバクだ。そのまま建物の中に入れられると、今度は一人ずつ分けられ、壁に手をつけさせられ、続いてひざまずかされ、別の方向に引っ張っていかれては壁に手をつけさせられひざまずかされ、と数回繰り返して文字通り引きずり回されたあげくその場に座るように命じられた。

この間ゲリラたちのすさまじい怒鳴り声とドタドタと複数の人間が自分と同じように引きずり回されている音が聞こえるだけで、状況はまったくわからない。もちろん袋を被せられているので何も見えない。人質を混乱させ、誰が支配者で誰が被支配者であるかを身をもってわからせるために引きずり回したのだと、後の反省会でゲリラのリーダー役の教官が教えてくれた。

座って呼吸を整えながら必死でまわりの状況を把握しようと努める。全員一緒なのか？　そうだ咳払いをしてみよう。ちょうど息が上がっていて咳き込んでも怪しまれない。私は大袈裟に咳き込んでみた。すると隣りでも咳払いが、右後ろでも咳払いが聞こえた。どうやら全員壁に向かって丸くなって座らされているようだった。「相手は何人だろう？」ゲリラの声と歩き回る足音を慎重に聞いて数える。きっと四人だ。これからどうなるのだろうか？

「リーダーは誰だ？」ゲリラが声を上げる。「僕だ」とドミニクが答えるや立たされて別の部屋に連れていかれたようだ。すぐに銃声が聞こえる。「他にリーダーはいないのか？」「私よ」と副リーダーのベリティが答えると、彼女も別室に連れていかれた。今度は銃声は聞こえない。しばらくすると二人とも元のように座らされたようだ。

「本当のことを言え。どこに行くんだ？」今度はゲリラが一人ひとりに囁くように尋問をはじめる。「本当のことを言ったらどうだ」「水は飲むか？」「ありがとう。いただきます」。今度は全員水を飲んでいたようだ。「難民キャンプに行ってインタビューをするだけです」「いま車の中をチェックしている、ウソをついてもすぐにばれるぞ！」

「ばれっこないさ、今度は地図にも難民キャンプまでのルートが記されている」と心の中でつぶやいた。そのあいだにもゲリラたちは個別に尋問を行なっている。いまから思い起こせば、ある時点でサバンスキー長官にインタビューをする予定だという真実を明かして、その上でゲリラたちと交渉をするという方法もあったはずだったのだが、そこまで事前に決めておく時間はなく、全員「難民キャンプに行く」という筋書きを守り通した。

時間の感覚がはっきりしないまま、少し緊張感が緩んできたと思ったころ、ゲリラの一人が怒鳴り声を上げて部屋に入ってきた。「これは軍用の地図だ。なんでＰＲＦが待ち伏せを行なった地点に印が付いているのだ？　お前たちの無線は軍用の周波数になっている。お前たちは何者だ？」「ぶっ殺すぞ！」「軍用の地図？　あちゃー、また教官にやられた！」と心の中で思っていると、「立て、コラ！」と乱暴に立たされ、壁際まで連れていかれ、両手を壁に突いて両足を広げさせられた。「動くなクソッたれ！」じつはこの姿勢はすごく体力を消耗する。壁に突いている両手が痺れてきてブルブル震えてくる。

「お前らは特殊部隊か？」「おー、軍用のブーツを履いているな」。私の靴を見たゲリラの一人が靴を軽く蹴りながら言った。「単なるアウトドア用シューズです。私は軍人ではない」「口答えするな！」さらに激しい尋問が一人ひとりに対して行なわれる。そのうちに外で銃声が聞こえる。「お前たちの仲間だよ。次はお前の番だ」

どうやら一人ひとり外に連れていかれて処刑されているようだったが、殺されているのか、何が起きているのか、そしてこの演習がどのようにこれから展開するのか、しだいに頭の中が混乱してくる。本当は仲間が「処刑」されているあいだに、生き残りのためにどうすべきか、自分なりに戦略を立てなければならなかったのだが。そのときはとにかく、これからいったい何が起こるのか、何が起きているのか、思考はぐるぐると空回りするだけだった。

何十分経過したのだろうか？　定期的に銃声が聞こえるだけで、あとは何が起きているかさっぱり見当がつかない。「次はお前の番よ」。女性のゲリラが私の手を摑んで引いていく。そして耳もとで囁く。「別にあんたたちがどこに行こうとどうでもいいのよ。そんなことに興味はないの。何か私たちのためにできることはないの？」「少しの金ならもっている」と私が答えると、「何か他に私たちのためにできることはないの？　最後のチャンスを与えてあげようって言ってるのよ」。とっさのことで何も声が出なかった。

「あんたなんて死ねばいいのよ」。ゲリラ女性は怒鳴って私の顔に被せていた袋をとった。顔を上げるとそこにはこの世のものとは思えないすさまじい形相をしたロシア系の大男が銃を片手に立っていた。「お前は処刑だ。最後に言い残すことはないか」「あっ、少しだけど金ならある。このポケットには携帯電話もある」と必死に答えた。

後になって思い返せば、このときが最大かつ最後の生き残りのチャンスだった。携帯電話の裏には妻と娘と三人で笑顔で映っているプリクラが貼ってあり、携帯電話の画面の壁紙には二カ月になる赤ん坊の写真が使ってあったのだ。大男が私の携帯電話を手にした瞬間に「そこに家族の写真がある、見てください」と切り出すべきだった。そうすればもしかしたら「娘か？　いくつだ？」「三歳です。その下には二カ月の赤ん坊もいます。あなたにも子どもがいますか？」などと会話を進めて新たな展開が切り開けたかもしれなかった。

しかし私はその一瞬のチャンスを摑む代わりに「あっ、後ろのポケットには金もあります」と言って金をすすめてしまったのだった。「携帯をとったくらいだから、金も受けとり、もしかしたら解放してくれるのではないか」ととんでもない誤算をしてしまったのだ。

「他のやつらと一緒だ。金以外に私に敬意を示す方法はないのか。金以外にだ！」「壁に両手を突け！」

そして次の瞬間、全身が震えるほど大きな銃声が聞こえた。私は見事に処刑されてしまったのである。恐る恐る顔を上げると、教官のカレンが笑顔で立っていた。「惜しかったわね。撃たれちゃったわよ。静かに向こうの道に降りてね」。道に降りてみると別の教官のミックが立っていた。「お疲れさん、イズル。グッドニュースがあるぞ。演習はこれで終わりだ。あっちに皆いるからそこで待っていてくれ」

すでに「処刑」された仲間たちが、地面に寝転んだり、座ってタバコを吸ったりして待っていた。「ハーイ、イズル。撃たれたかい？」「ああ、俺は幽霊だよ」

さすがに皆、心身ともに疲れきっているようだった。「私は殺さないでーってあの大男にしがみついちゃったわよ」とアンドレア。「俺は早く終わってほしいと思ったから、「殺せ、殺せ」って言ってやったよ」とパレスチナ人のアンワル。

一人ひとり苦笑いをしながら戻ってきては、それぞれの体験を口にした。「軍用の地図に軍用周波数なんて、あれはひどいよなぁ」「「なんですって？　軍用周波数？」って大声でジェーンが大袈裟に反応したのはおかしかったわ」とベリティ。最後にリーダー役のドミニクが疲れきった顔で戻ってきた。「おー、ドミニク、お疲れさん」一斉に拍手が沸き起こった。

われわれが身につけた危険地域におけるさまざまな安全対策のスキルを試す演習は、こうして「全員処刑」という予想外の結果をもって幕を閉じた。最後の反省会で、ゲリラのリーダー役をつとめた教官がこう述べた。

「今回は地図に記されたルートを皆が口にして目的地が一致していたし、前回以上によく準備がなされていた。でも皆一様に最初から最後まで、「自分たちはジャーナリストで難民キャンプに行く」の一点張りだったなぁ。最初はそれでいいが、それでだめなら別の話に切り替える。それがだめなら他の手を考えなくてはだめだ。最後に一人ひとりに対して二回ずつチャンスを与えていたのがわかったか。何か考えなくてはだめだ。ゲリラたちの気を引き、君たちを殺させたくないと思わせる何かを提供できなかったか？」

「絶対にあきらめてはいけないのよ。最後の最後までどんな小さなきっかけでもいいから見つけて生き残るように全力を尽くすの」とカレンが締めくくった。

見事な演習であった。「演習だ」とわかっていながらも、皆精神的に追い込まれ、パニックに陥り、授業で学んだことの半分も出せなかった。すべてのシナリオで「次はこうなるんじゃないかな」と予想をした以上の出来事が毎回起きてわれわれを慌てさせた。その構想力、数十名のエキストラを配し、しかも外国の元軍人まで使った徹底ぶり。英陸軍の演習場の一部を借り切って一日がかりで行なわれたこの壮大な演習は、こうして参加者全員の度肝を抜いて終了したのだった。

T社がジャーナリスト向けに行なっているこのユニークなセキュリティ訓練は、PMC以外ではなかなか学ぶことのできない貴重な情報、技能、そして体験を参加者に提供していた。ちなみにこの種の一般向けのセキュリティ訓練は、PMC各社が現在競うように提供しており、危機回避の安全運転の訓練を加えたり、イラク等で大きな脅威となっているIED（手製仕掛け爆弾）対策の訓練を加えるなど各社工夫を凝らして売り出している。

イギリスやアメリカでは、メディア関係者やNGO、外務省職員や対外援助にかかわる省庁の職員、さらに石油開発会社の従業員など、危険地域で仕事に従事する人は官民を問わずこのようなセキュリティ訓練を受けるのが普通になっている。このような安全対策の訓練コースを受講すれば、生命保険の保険料が割安になるようなシステムまで存在するのである。

それに引き換え、日本人の安全対策、危機管理に対する意識は、驚くほど低いといわざるをえない。このようなセキュリティ訓練を一度受けておけば防げる事故は決して少なくない。日本では「危機管理」や「安全対策」の講座といえば、たいてい教室内での講義がほとんどで、実際に身体を動かして行なう実技訓練や、ましてシナリオを通じた演習などは民間レベルでは皆無であろう。

しかし日本国内においてでさえいまや安全はタダではなくなっている。まして紛争後の不安定な地域や、強盗や誘拐など犯罪の多発する地域に行く際に、安全を確保するためのさまざまな知識や技能を、お金を出して買うのは当然ではないだろうか。少なくともそうした危険地域に公務で行く可能性のある外交官や他の政府機関の職員は、最低限こうした安全対策訓練を受けてほしいものである。

繰り返すが「安全」はタダではない。リスクを軽減し、危機を管理するための知識や技能を身につけるために投資をするという考えを、われわれ日本人ももたなくてはならない。それが世界の常識である。

第8章　ブラックウォーター・スキャンダル

一大スキャンダルに発展した「ブラックウォーター射殺事件」

二〇〇七年九月十六日、イラクの民間軍事・警備業界の行方を左右する大事件が発生した。

その日の正午前、バグダッド西部のニソール広場の北西二キロほどのところにある建物で、米国大使館の職員が、米国際開発局（USAID）の職員たちと会議を行なっていた。「世界規模の身辺警護サービス契約」に基づいて、イラク全土で米国大使館員の身辺警護を請け負っていたのは、米ブラックウォーター社であった。この日も同社の警護小隊（PSD）が米大使館の職員たちを重武装で警備していた。

会議中、建物の近くの路上で爆発が起きた。米国人たちに被害は一切なく、会議の行なわれていた場所は警備のしっかりとした施設だったにもかかわらず、ブラックウォーター社の警備小隊長は、そこから退避してグリーン・ゾーン内の米国大使館に戻るべきだと主張。大使館職員たちは急遽、ブラックウォーター社の警護小隊のエスコートでグリーン・ゾーンに戻ることになった。

通常、イラクのように治安の悪い国では、大使館員を乗せる警護車の前に、警護小隊の先遣車両が先発して、待ち伏せがないかどうか、IEDがないかなどを確認する偵察任務にあたる。またルート上に交通量の多い交差点などがある場合、先遣部隊が交通を一時遮断して、大使館員を乗せた警護車両が停車することなく交差点を通過できるように警戒態勢を整える。

この日も先遣部隊が交通量の多いニソール広場に先に到着し、交通を一時遮断して、大使館員を乗せた警護車列がスムーズに交差点を通過できるような態勢を整えていた。イラクの交通警察官たちも、道路の封鎖に協力した。が、そこは非常に交通量の多い混雑した広場である。警察の「止まれ」の指示を理解していなかったのか、一台の車両が交差点に接近した。

非常にゆっくりとした動きで、本当に差し迫った脅威だったのかどうかは不明だが、ブラックウォーター社の武装警備員の一人が車の運転手に向けて発砲を始め、これに反応する形で五人の警備員たちが一斉に発砲。特に一人の警備員が周囲に乱射をしたため同僚が何度となく「撃ち方やめ」と怒鳴り声をあげてやめさせたものの、車の運転手と同乗していた彼の母親だけでなく、周辺にいた市民を含めて十七名が殺害される大惨事に発展した。

当初ブラックウォーター社の武装警備員たちは、「発砲を受けた」と主張したが、その後の調査で、待ち伏せ攻撃を受けたという事実はなかったことが判明した。

このブラックウォーター社の蛮行に対し、イラク国民と政府は激怒して同社を非難した。数日後、マリキ首相（当時）は記者会見で「ブラックウォーター社の警備会社としての資格を剝奪する」と宣言し、米大使館に対して同社との契約を破棄するようにと訴えた。

「この行動は犯罪であり、われわれイラク人すべてが憤慨している。この会社はイラクでの活動を凍結しなければならない。米国大使館も別の会社に切り替えるべきだ。われわれはこうした犯罪の責任を同社にとってもらう。われわれは、人の命を弄ぶ血も涙もない同社にイラク国民が殺されることを、これ以上許すわけにはいかないのだ」

マリキ首相はこのように述べて、ブラックウォーター社に対する怒りを表現した。イラク政府が怒るのも無理はなかった。ブラックウォーター社がこのようにイラク市民を殺害する事件は、イラク内務省に記録されているものだけでも、それ以前に七件もあったからである。

世界中のメディアもこのブラックウォーター社の射殺事件を大々的に報じ、CNNなど米メディアも連日被害者のイラク人やその遺族たちの証言を伝えるなどしてこの米企業の残虐な行為を伝え、「ブラックウォーター射殺事件」は一大スキャンダルに発展した。ブラックウォーター社は、「戦争で儲ける死の商人」、「無差別の民間人を殺す非情な傭兵集団」のシンボルとして、世界中にその名を知られることになったのである。

創設者エリック・プリンスの議会証言

二〇〇七年十月二日、米議会下院の「監視及び政府改革委員会」が、イラクにおける民間軍事・警備会社に関する公聴会を開催し、ブラックウォーター社の創業者であり会長のエリック・プリンスを呼んで証言をさせた。

エリック・プリンスは民間軍事・警備業界の中でも、もっとも秘密のベールに包まれた人物の一人だ。当時はまだ一度も記者会見を開いたことがなく、9・11直後に一度FOXニュースのインタビューに応じたことがあったものの、ジャーナリストとの接触を極力避け、公のスポットライトを浴びることをひたすら拒否し続けていた。そんな謎に包まれた民間軍事会社の帝王が米議会の公聴会で証言したのだから、マスコミの注目を集めないはずはない。実際プリンスの一挙手一投足、発言の一部始終が紹介されたのである。

公聴会では「監視及び政府改革委員会」の委員長をつとめるカリフォルニア州選出の民主党下院議員ヘンリー・ワックスマンが、

「二〇〇五年以降でブラックウォーター社の警備員が関与した銃撃事件は実に百九十五件もあり、そのほとんどのケースでブラックウォーター社の社員が先に発砲をしていたことが分かっている。またブラックウォーター社の百二十二名の従業員、これは現在の同社のイラクにおける全従業員数の七分の一に相当する数であるが、不適切な振る舞いをしたという理由で解雇されている。（中略）ある米軍の幹部は、「ブラックウォーター社の行為はイラク人の間に、おそらくはアブグレイブよりもひどい米国に対する憎しみや敵対心を植え付けている」と述べていた。もしこの見方が正しいとするならば、われわれが民間軍事契約企業に依存していることは、全く裏目に出ていることになる」

と述べてプリンスを責めた。これに対してプリンスは、

「われわれの警護員たちが、自己防衛とクライアントの命を守るために、危険から脱出しようと防衛的な手段を用いたことはある。（中略）二〇〇五年以来、わが社はイラクにおいて一万六千件以上の任務を行ってきており、その間、武器を使用しなければならないような事故は百九十五件発生した。こうしたときに巻き添えとして無実の市民が死んだかどうか。それは十分あり得るだろう」

と述べて、あくまで正当防衛でしか武器は使用しておらず、無差別にイラク市民を殺害して反米感情を煽っているという指摘は当たらないと主張した。また二〇〇七年の一月から九月までにイラクで千八百七十三回の任務があり、その間五十六件の事故が発生して武器を使用したことも明らかにした。

このほか、ブラックウォーター社の社員のリクルートや教育訓練、プリンス家の共和党とのコネクション等多岐にわたる質問がプリンスに浴びせられ、「秘密のベール」の一部が会長自らの口から語られた。

誰がブラックウォーターを監視するのか

このようにブラックウォーター社の射殺事件を契機に、同社やPMCの活動に対する世間の注目がさらに高まるようになったが、現場レベルでこうしたブラックウォーター社の事件の再発を防止するために、より具体的な対策が進んだことも見逃せない。

今回、ブラックウォーター社の事件が発生した背景の一つに、イラクにおいて同社が米軍や国防総省ではなく、米国務省と契約をしていたという点が指摘された。第3章で米軍とPMCの間に調整機構としてROC（復興運営センター）という組織が発足したことに触れたが、このROCを通じて、軍と契約しているPMCに関しては、すべて軍がその動きを把握している。つまりPMCの車両を衛星利用測位システム（GPS）で位置確認をしていて、彼らの活動場所を把握しているわけである。

そしてそれだけでなく、PMCの車両とROCのコントロール・センターの間にはネットワークが構築されており、万が一PMCが攻撃を受けて軍の援助が必要な時には、すぐに軍が緊急対応部隊を現場に向かわせるシステムができていた。

ところが、米大使館を管轄する国務省と契約しているPMCに関しては、軍とこのような協力関係ができておらず、軍は国務省と契約するPMCの管理は行なっていなかった。つまり、米軍はブラックウォーター社の動きは全く把握できていない状況だったのである。

「彼らは国務省との契約なのでわれわれの管轄ではない。本当はわれわれも彼らには困っている」というのが米軍側の本音だったようだ。

一方、ブラックウォーター社としても、「自分たちは国務省との契約の下で米国大使のような非常に重要な要人をお守りしている」という自負がある。彼らにとってはクライアントである大使や外交官の警護が最重要ミッションであるから、そのミッションを達成するためにあらゆる脅威を排除するのは当然、という感覚を持っていた。

しかし、このような行きすぎた殺人事件が起きたことで、米軍も「ブラックウォーター対策」に乗り出した。ちょうど二〇〇七年一月にデイヴィッド・ペトレイアスという新しい駐留イラク米軍司令官の下で増派戦略が始まり、それまでのような「住民を無視するような対テロ戦争ではだめだ」という認識から、米軍の戦略や作戦を根本的に変えた時期とも重なっていた。

ペトレイアス司令官は、かつて「ベトナム戦争の教訓」に関する博士論文を書いた秀才であり、対テロ戦争、より専門的には「対反乱作戦（Counter-Insurgency）」でもっとも大事なことは「住民のサポートを得ること」だということがよくわかっていた。このため米軍の行動の仕方を徹底的に見直し、武器使用の基準なども改めて、それまでのようにとにかく「疑わしきは撃て」とばかりに、威嚇も含めて「まずは発砲」という行動基準を徹底的に改めたのである。

また住民の安全を確保し、地域の治安を改善させることを最優先させるため、「安全な」基地の中や装甲車両の中にとどまっているのではなく、イラク軍とパートナーを組んで街中を歩いてパトロールし、検問所で検問を行ない、住民との距離を短くして、イラク市民からの信頼を得られるように、と行動様式を一変させたのである。

そんな矢先にブラックウォーター社がこのような問題を起こしたため、米軍も同社の行動を問題視し、ここまで問題が大きくなったとも考えられる。米軍にとってみれば、「それまで国務省の管轄下で好き放題にやっていたブラックウォーター社を管理下に置くチャンス」と捉えたのかもしれない。

十月三十日、ゲーツ国防長官とライス国務長官（当時）が、国務省と契約するPMCをより厳しい監督下に置くことで合意したと発表。具体的には、イラクにおけるすべての国務省の車列の動きが、バグダッドの米軍の作戦センターで把握できるようになり、国務省と契約するPMCに対する訓練や武器使用基準なども、米軍の標準に沿ったものに改定されることなどが合意されたのである。

いずれにしても、この「ブラックウォーター社の射殺事件」はセンセーショナルな一大スキャンダルに発展したことで、それまで秘密主義を貫いてきた同社の活動の一端が白日の下にさらされ、同社凋落のきっかけとなっていった。

この後しばらくして、ブラックウォーター社は米国務省との契約を他社に奪われ、イラクにおけるビジネスからの事実上の撤退を余儀なくされた。

しかし、米国務省の外交官たちの中には、同社に対して同情的な声も根強く残っている。同社がイラクの米大使館員を警護した二〇〇五年から二〇〇九年までに、同社はクライアントである米大使館員の命を守るために、二十七名の武装警備員を失っている。ブラックウォーター社の警備員たちにとって、イラクでの身辺警護ミッションは、文字通り命がけの任務であったこともまた否定できない事実なのである。

CIAがブラックウォーター社に委託したテロリスト暗殺工作

ブラックウォーター社は、その後もたびたびマスコミに取り上げられ、紙面をにぎわすことがあったが、二〇〇九年八月二〇日に『ニューヨーク・タイムズ』紙が報じたスクープ記事は、文字通り「世界を震撼させる」インパクトを放っていた。

「二〇〇四年にCIAは、アルカイダのテロリストの居場所を特定し、暗殺するための秘密プログラムの一環として、ブラックウォーター社の要員を外部契約者として雇っていた」

衝撃的なリードで始まるこの『ニューヨーク・タイムズ』の記事は、アルカイダのテロリストの幹部たちを暗殺するために、民間軍事会社ブラックウォーター社が密かに雇われていたというニュースを伝えていた。

これによると、オバマ政権のレオン・パネッタCIA長官が、二〇〇九年六月にこの事実を知って衝撃を受け、米議会に緊急の会議を呼びかけたことが、この事実が公になったきっかけだったという。パネッタ長官は、「CIAが五年間近くこの秘密プログラムの存在を議会に報告していなかった」として、「即刻このプログラムを廃止したこと」を議会に報告したのだという。

実際には、このプログラムはロジスティックス支援上の問題や外交的・法的問題点を克服できずに、「コンセプト段階」から先には進んでいないプロジェクトであり、CIAの委託を受けて実際にブラックウォーター社のチームが暗殺を行なっている事実はなかった。しかし、「CIAがテロリスト暗殺を民間に委託する」という、まるで映画のようなアイデアを、実際に採用しようとしていたというだけで一大事件である。

しかもそれに限りなく近い作戦はすでに行なわれていた。

ブラックウォーター社は二〇〇二年以来、アフガニスタンで活動するCIAの要員や基地の警備を担っており、二〇〇四年からはイラクでも同様のサービスを提供していた。しかもこの協力関係は現場レベルで自然発生的に発展を遂げ、CIAがイラクで武装反乱勢力のアジトを襲撃したり、テロリストの幹部を拘束したり殺害する際に、CIAの要員を警護しているブラックウォーター社の武装警備員たちも必然的に協力し、テロリストたちの殺害、拘束や移送を任されるようになっていたというのである。

また翌日八月二十一日付の『ニューヨーク・タイムズ』紙は、ブラックウォーター社がＣＩＡの無人機作戦にかかわっていることもスクープした。ＣＩＡは「プレデター」と呼ばれる無人機に超高性能のビデオ・カメラとミサイルを搭載し、テロリストを見つけ出してミサイルで攻撃して暗殺する秘密作戦をアフガニスタンやパキスタンで行なっている。三キロほど上空を飛ぶ無人機プレデターが、ＣＩＡの要員や特殊部隊員ですら近づけないアフガニスタン・パキスタン国境の村々を上空から監視し、「テロリスト」を発見し次第、ミサイルを発射して殺してしまうというリモコン操作の暗殺作戦を行なっているのだ。

この米紙の記事によると、ブラックウォーター社はアフガニスタンやパキスタンの秘密基地で、ヘルファイヤーミサイルや五百ポンドのレーザー誘導爆弾をプレデターに搭載する任務を請け負い、またこうした秘密基地の警備も担っていたという。

二〇〇九年二月にブラックウォーター社は、イラク人射殺事件で生じた企業イメージとブランド・イメージの著しい悪化を受けて、社名を「Ｘｅサービス」に変更すると発表し、「ブラックウォーター」の社名は市場からは消えた。しかし、Ｘｅはその後も驚くべき生き残り能力を発揮し、ＣＩＡとの同盟関係をむしろ強化して秘密任務に従事していたのである。

CIAのスパイだったエリック・プリンス

二〇〇九年十二月三十日、米国諜報史上に残る大惨事が発生した。

アフガニスタン東部のホースト州にあるCIAの基地で自爆テロが発生し、七名のCIA要員と一名のヨルダン政府関係者等が死亡したのである。「一度にこれだけ多数のCIA要員が殺害されたのは、過去三十年間を振り返っても例がない」と言われており、米国の諜報史上に残るCIAの大失態として記録された。

後にこの自爆テロ犯は、CIAが9・11テロ事件以来、緊密に協力してきた親米アラブ国家ヨルダンの情報機関がアルカイダに潜入させていたスパイだったことが明らかになった。CIAはつまり、「ヨルダン情報機関とアルカイダの二重（ダブル）スパイによる自爆テロ」という前代未聞の手法で、奈落の底に突き落とされたのである。

十二月三十日の朝、パキスタンで「諜報活動」に従事していたヨルダン情報機関GIDのスパイで医師のフマム・ハリル・アブムラル・バラウィが、パキスタンとアフガニスタンの国境の一つグラーム・ハーンを通過し、あるアフガン陸軍のコマンダーと落ちあった。通称「アルガワン」と呼ばれるこのアフガン軍人は、ホースト州にあるCIAの「チャップマン」基地の警備責任者をつとめていた人物だった。二人はホースト州の近くの村メルマンディまで車で向かい、そこに用意してあった赤のトヨタ・カローラに乗り換えた。アルガワンがこのカローラを運転し、ヨルダン人スパイ、バラウィは後部座席に座った。

そこからＣＩＡのチャップマン基地までは約四十分。地元ではここがＣＩＡの基地であることはよく知られており、厳重な警備態勢が敷かれていた。高い土壁で囲われた基地の外周には数多くのアフガン人警備員がＡＫ47軍用ライフルを手に警備を行なっていた。基地の周囲四か所には要塞化された見張り塔があり、監視要員が二十四時間体制で警戒を続けていた。また基地の敷地内にはさらに蛇腹形鉄条網のついたフェンスがあり、さらに三つ目のゲートにはアメリカ軍の兵士たちが警備にあたっていた。

この三層にわたる警備体制があったにもかかわらず、バラウィを乗せた車は一度もセキュリティ・チェックを受けることなく、ＣＩＡや陸軍情報部の建物が並ぶ基地の内部にまで到達できた。外周警備にあたるアフガン人たちにこの重要なスパイを見られたくなかったためか、警備員たちは「この赤いカローラの客人にセキュリティ・チェックをすることなく基地内に入れるように」と事前に指示を受けていた。基地内に入ってからは、このカローラを米陸軍のエスコート車両が先導したという。

赤のカローラは基地内に設置されている簡易収容施設の手前で停車。車の傍には、バラウィの到着を待ち焦れていたＣＩＡの要員七名が、このヨルダン人医師をあたたかく迎え入れようと用意して待っていた。バラウィは片手をズボンのポケットに入れたまま車から降り、CIAの警護員がボディーチェックをしようと近づき、ポケットから手を出すよう指示すると、そのまま爆破装置のスイッチを入れ自爆した。この自爆テロ犯の視界に入っていた人物すべて、すなわちこの現場に居合わせたCIA関係者全員がその場で即死した。

これが「米国諜報史上に残る大惨事」に至った経緯である。

このセンセーショナルな大事件の陰で目立たなかったが、密かに専門家の注目を集めたのは、この自爆テロで亡くなった七名のCIA要員と共に命を落とした二名の「CIA警護員」が、実はXeの社員だったという事実である。

数々のスキャンダルを経て社名まで変更したにもかかわらず、ブラックウォーター社は、二〇〇二年に初めてアフガニスタンで獲得した「CIAの警護」という契約を、今日まで継続していたのである。そしてこの直後に、CIAと旧ブラックウォーター社の関係が、単なるビジネス以上のものであったことが明らかになる。

Xe（旧ブラックウォーター）の創業者で会長でもあったあのエリック・プリンスが、同社の所有権を他者に売却してから初めて、米『バニティ・フェア』誌とのロング・インタビューに応え、自身のCIAとの秘密の関係を暴露したのである。

「私は、自分自身と私の会社を、CIAの非常にリスクの高い任務のために自由に使える存在にしたのだ」

エリック・プリンスはこのように語り、CIAの秘密工作、ダーティーワークを一手に引き受けることのできる組織として、彼の会社を捧げたことを明らかにした。CIAがスパイを送り込むことの困難な国や地域に秘密工作員を潜入させ、アルカイダ・メンバーや他のテロリストを暗殺するヒットマン・チームを組織・編成し、その作戦計画、ロジスティックス支援、武器・資金調達から実施までを支援する……、これがプリンスの構想であった。

彼の旧特殊部隊とのコネクション、武器や航空機へのアクセスや不屈の野望は、対テロ戦争時代の米インテリジェンス・コミュニティに新風を吹き込んだのだろう。プリンスはいつしかCIAの「アセット」として活動するようになった。「アセット」とはいわゆるスパイのことを指す業界用語である。

CIAが、「特殊な技能を有するアメリカ国民の秘密ネットワーク」にプリンスも加わるように誘ったのは二〇〇四年だったという。プリンスはCIAの六十二年間の歴史の中で、現金、輸送手段、機材や人員をもっとも自由に使いこなせることのできるアセットだった。

CIAのブラックウォーター社に対する信頼が高まるに連れ、同社が任せられる責任の範囲も拡大していった。最初はCIAの基地の常駐警備から移動中のスパイの身辺警護へと発展し、しかも自爆テロや待ち伏せ、路肩爆弾の脅威がひしめく危険地域での活動を共にすることで、両者の絆は深まっていった。こうして二〇〇五年にはブラックウォーターがCIAの要員を警護することが当たり前になり、両者の一体化が進んでいった。

CIAのカウンター・テロリズム・センター（CTC）の作戦部長を務めたエンリケ・リック・プラドがCIAを辞めてブラックウォーター社に入り、CTCの所長だったコッファー・ブラック自身もブラックウォーター社に移っていった。さらにはCIAの工作部門の副部長を務めたロブ・リッチャーまで同社に加わったのである。これほど高位のCIAの高官たちが次々に一つの会社に移っていった例も珍しい。

こうして一体化を進めたCIAとブラックウォーター社が、水面下の対テロ戦争でどのような秘密工作を進めていたのか、その全体像は明らかになっていない。またエリック・プリンスという謎多きPMC総帥の「スパイ」としての働きも、その大部分は闇の中である。

9・11テロに端を発した対テロ戦争は、有事と平時の境をなくし、軍事と非軍事の境界も曖昧なものにし、それまでの軍や情報機関の活動範囲を超えた働きを必要とするようになった。それまでのルールが通用しない、いわば「何でもあり」の時代の安全保障環境の中で、それぞれの既存のルールや活動範囲に縛られないブラックウォーター社という存在は、CIAや国務省、すなわち米国政府にとって極めて便利な「ソリューション」だったのかも知れない。

ブッシュ政権の末期にブラックウォーター社をめぐる数々のスキャンダルが続発したのは単なる偶然ではない。ブラックウォーター社は、ブッシュ政権が始めた対テロ戦争、「何でもあり」の戦争を象徴するような存在だったと言うこともできるだろう。ブラックウォーター社をめぐるスキャンダルは、ブッシュ政権時代の「何でもあり」の時代が終焉を迎え、オバマ政権の下で新たな時代に突入したことを物語るものだと考えることもできよう。

しかし、オバマ政権下でもイラク、アフガニスタンでの戦争は続いている。新たなオバマの戦争で、ＰＭＣはどのような変化を遂げていくのだろうか。ＰＭＣは安全保障の世界の時代の変化を映す鏡なのかもしれない。

エピローグ

「あと十分でカブール国際空港に到着します」

イスラマバードからのパキスタン航空の機内アナウンスで目を覚ました。窓から下を見下ろすと、緑のないごつごつとしたはげ山が見え、平地にはところどころに集落が散在しているのが見えるが、近代的な建造物はほとんど見当たらない。

飛行機のタラップを降りると、アフガニスタン人のガイド「ヤマ」が私の名前の書かれたボードをもって待っていた。「ようこそアフガニスタンへ」

ヤマに連れられてターミナルの外に出ると、防弾ジャケットを身につけ腰にピストルをさした大男が二人、防護車両の前に立って私を待っていた。私の警護をするPMCの武装警備員である。

「このボディーアーマーを身につけてください」。警備員の一人が言った。彼は北アイルランド出身だという。重たいボディーアーマーを着込んだ私は、トヨタのハイラックスを改造した防護車両の後部座席に乗り込んだ。「万が一襲撃などの緊急事態が発生した場合は、できる限り身を低くしてください。危機から脱するために高速でバックすることもあります。車から降りるときには彼（もう一人の警備員）の指示に従ってください。彼があなたをエスコートいたします。彼が動けない場合は私があなたをエスコートいたします。われわれは二人とも武装しており、救急救命の訓練も受けております」

さすがに少し緊張せざるをえない。空港と市の中心部を結ぶ大通りでは少し前に事故があったため、裏道を通っていくとのことだった。空港を出てすぐ裏道に入ると、舗装道路はなくなり、でこぼこの砂漠の道に変わった。道沿いにはブロックや石を重ねて泥で塗り固めただけのような粗末な平屋の家が並び、砂と泥で汚れたぼろ着をまとっただけの現地の人々が、砂埃をあげて走るわれわれを煙たそうな顔で見ている。砂埃で髪の毛がバリバリに固まってしまった女の子が裸足でそこら中を歩いているのが見える。いまにも車輪が壊れそうなボロボロのリヤカーを引くロバを全身でコントロールしながら危なっかしく操縦している男の子が、われわれの存在に気づいて道を空けている。

この貧しくいかにも弱々しそうな人々のあいだを、頑丈な防護車両に乗って武装した屈強な男たちが逃げるように走り抜けていく。二〇〇六年十月、アフガン戦争から五年が経ち、ブッシュ政権が「対テロ戦争の成功例」と自画自賛するアフガニスタンの首都カブールの、これが日常的な光景となっていた。

カブール市内を一見して感じるのは、セキュリティ関係者が至るところで目につくことである。アフガン政府の軍や警察だけではなく、さまざまな制服を着たPMCの警備員たちが、AK47で武装して主要な建物の警備にあたっている。また4WDを走らせ濃いサングラスをかけたごつい白人たちは、ほぼ間違いなく政府要人などの身辺警護を請け負うPMCの武装警備員たちである。外からは見えないようにしてあるが、彼らは運転席の横にサブマシンガンを隠しもっている。

カブール国際空港にいると、ボディーアーマーに所狭しと予備の弾倉《マガジン》をぶら下げて上半身をパンパンにさせ、腰にピストルと無線機をぶら下げたPMCの身辺警護要員たちが、外交官や欧米企業関係者をエスコートするためにひっきりなしに出入りしている姿を見ることができる。この彼らの独特のファッションも、対テロ戦争の現場ではもはやごくごく普通の光景として定着したようである。

いったいどのくらいの数の「民間人」がこのように堂々と武器をもち歩いているのだろうか。彼らが当たり前のように腰に銃をぶら下げて闊歩する姿は、まったく大袈裟ではなく、西部開拓時代のカウボーイのようである。

彼らが重武装するのは、もちろんそれだけ治安が悪いからである。二〇〇六年十月時点で、アフガニスタン全土で不安定な治安情勢が続いており、とくに首都カブールを含めて全国的に自爆テロが急増していた。しかもこうした自爆攻撃のほとんどが、軍や警察や政府関係者や警備関係者を狙ったものであり、PMCの身辺警護要員が警護する政府要人や、彼ら自身が自爆テロ攻撃の最大の標的になっているのである。

すでに述べたように彼らの姿は一目でわかる。これまでの自爆テロのパターンは、こうした軍や政府関係者の車両が頻繁に通る道路沿いから、身体中に爆弾を巻きつけた自爆テロリストが車両に近づいて自爆する、または爆破物を積んだ車ごと横や後ろから体当たりするというものだ。そこでノロノロ走っていると自爆テロリストの標的になりかねないため、PMCの身辺警護要員たちはすごいスピードで車を走らせるわけである。現地人の運転する車を後ろからクラクションとパッシングで煽り、横にどかせて強引に追い抜いていく白人たちのそうした振る舞いを、現地の人々が歓迎するわけはあるまい。

しかしPMCの側からすれば、大事なクライアントを守ることが第一の責務であり、自爆テロという最大の脅威からクライアントを守るための防衛運転をしているに過ぎない。PMCの「暴走」する防護車両に乗って移動すれば地元住民の反発を招くことになるが、かといって何の警護もなく動くのもリスクが高すぎる。

そこで欧米の政府、国際機関や企業関係者は、PMCの警護を受けながら治安維持のための活動や経済復興支援の活動に従事することになる。もはや彼らはイラクやアフガニスタンで、PMCの警護なしに一歩も外に出られなくなっている。

彼らに対する自爆テロが急増すればするほど、これまで防護車両を使っていなかったものは防護車両を導入し、身辺警護をつけていなかった会社も新たにPMCを雇うようになっている。この「テロの増加」と「セキュリティの強化」のいわば「いたちごっこ」は、もはや制御不能なほどエスカレートしている。かくいう私も、ＰＭＣの護衛をつけながら、カブール市内を回ったのである。

ＰＭＣの防護車両に乗りながら、でこぼこの砂漠道をゆっくりと走っているときのことだ。遊んでいたアフガン人の子どもたちの一人が笑顔で手を挙げながら車に接近し、車から三メートルくらいまで近づいたところで、突然片手に隠しもっていた石をわれわれの車に投げつけた。かなり大きな石が助手席の窓ガラスに見事に当たった。もちろん高速度のライフルで撃たれても大丈夫な分厚い防弾ガラスなのでびくともしないが、もし窓を開けたままだったら助手席に乗っていた警備員は軽傷を負ったことだろう。「おっ、石を投げたぞ」と警備員たちは笑ったが、私は笑えなかった。石を投げつけた後にキッとこちらを睨んだその子どもの顔が脳裏に焼きついた。「俺たちの国でいったいお前たちは何しているんだよ」。招かれざる客に対して、子どもなりに精一杯の抵抗を示したのだろう。

「対テロ戦争」という名の下に、「治安維持だ」「復興支援だ」と介入してくる人間に対して、「一般住民の生活に何の役に立っているんだ」という不満をぶつけられたように感じた。

イラクで、アフガニスタンで、対テロ戦争はもはや人類の経験したことのない未体験ゾーンへと突入している。「テロリストによる攻撃の激化」「治安の悪化」、そしてその結果としての「警備強化」というサイクルはますます加速し、住民不在のまま終わりなき悪循環の道を邁進しているように思えてならない。

二〇〇六年十一月に行なわれた米中間選挙で、ブッシュ大統領率いる共和党は歴史的な大敗を喫し、ブッシュ政権の進める対イラク政策、対テロ政策に対する米国民の不満が爆発したかたちとなった。民主党が多数派を握る議会がイラクからの段階的な撤退を主張しているのに対して、ブッシュ大統領はイラク、アフガニスタンともに米軍を増派し、両国への関与を強める新政策を発表した。「引く」どころか、さらなる「攻め」の政策を打ち出したのである。

イラクやアフガニスタンは対テロ戦争の最前線であり、そこから撤退することは「対テロ戦争での敗北を意味する」とブッシュ政権は考えている。そしてこの戦争での敗北は絶対に認められないとブッシュ大統領は考えているのである。どんなに目先の戦術が変わろうと、「この戦争は一世代続く長い戦いなのだ」という信念に揺らぎはないようだ。

「今後一世代続く長い戦争」は、ますます世界の安全保障環境を不安定にし、PMCにさらなるビジネスの機会を提供することになりそうである。

PMCの対テロ戦争ビジネスはますます栄え、衰えるところを知らない。

あとがき

民間軍事会社（ＰＭＣ）の存在を耳にし、その活動に興味をもちだしたのは、筆者がまだオランダ留学中の一九九〇年代半ばごろのことであった。ひょんなことからクロアチアという国との民間交流にかかわるようになり、同国の歴史を調べていくうちに、クロアチア軍の近代化に貢献した米国企業ＭＰＲＩ社の存在と出会ったのである。

またアムステルダム大学でアフリカ史のゼミを受講していたころ、アフリカ大陸の鉱物資源を搾取する欧州系企業の活動を研究し、その過程で彼らの権益を守るために欧米の元軍人たちが特殊な警備会社を組織して、石油のパイプラインや精製施設の警備、それに現地の治安機関の訓練に携わっていた実態を垣間見て、こうした民間企業の活動実態を調べてみたいという思いを強くしていた。

こうした思いを実現する貴重な機会を与えてくださったのが、東京財団の元会長・日下公人先生であった。財団から二〇〇三年度の短期委託研究「日本人の安全保障に関する新構想」プロジェクトとして、本格的にＰＭＣ研究をさせていただく機会を賜わり、翌二〇〇四年度にも「安全保障民営化に関する新構想」プロジェクトとして、この問題をさらに掘り下げて研究させていただく機会を与えられたのである。この二年間にわたる同財団での研究が本書のベースとなっており、このようなチャンスを与えてくださった日下先生はじめ東京財団の関係者の皆様に、この場を借りて深い感謝の意を表したい（もっともこの研究ならびに本書の内容は、すべて筆者個人の見解であることをお断りしておきたい）。

【文庫版への追記】

二〇〇七年三月に単行本を発表してから今回文庫本としてまとめるまでの間に、ＰＭＣの業界でいくつか大きな変化が起きた。すでにブッシュ政権後期から始まっていたことではあったが、ＰＭＣを規制したり、監督する体制が強化されたことで、経営基盤が弱く管理能力の低い「ぽっと出」の会社がますます市場から排除されるようになった。特にイラク政府の力がついてくるに従い、政府の発行するライセンスの重みが増し、ライセンスのない企業は事実上仕事が出来なくなっていった。

ＰＭＣを雇う側も、知識や経験が増したことにより、必要な業務に適した企業を適正な価格で使うようになり、ある意味で市場が成熟していった。一週間前に出来た「ぽっと出」の企業が、契約額が何十億円もするような巨大プロジェクトを獲得する、などということはもはやなくなった。

またイラクの現地人たちも自分たちで会社を立ち上げて、低価格でサービスを始めたことにより、西側の大手ＰＭＣは深刻な価格競争にさらされることになった。どこの西側企業も、現地人を多く採用してコストを下げることに四苦八苦している。

こうした変化が起きた最大の要因は、イラクが米国による占領統治を経て主権を回復し、その主権を行使して少しずつ国家としての体制を整えていったということに尽きる。「国家」の基本要素である「暴力の独占」を進める過程で、イラク政府は外国のＰＭＣを確実に管理下に置いていったわけである。

そして何よりもオバマ政権が誕生して米軍がイラクからの撤退を開始したこと。これにより米軍の下請けとしてのセキュリティ業務が減少し、ＰＭＣ各社は、米軍向けのサービスから、今では資源開発やインフラ整備など、より商業的な事業向けへとサービス内容を切り替え始めている。

またオバマ政権がアフガニスタンへの増派を決めたことにより、ＰＭＣの「稼ぎ場」もイラクからアフガニスタンにシフトしつつあるようだ。米兵三万を増派するということは、さらに三万人を収容できるキャンプが必要になり、キャンプを建設するための資機材が必要になり、三万人分の食糧が必要になり、武器・弾薬も必要だ。軍が動くところに、ＰＭＣのビジネスチャンスが必ず生まれるからである。紛争や危険のあるところで、これからも戦場の仕事人たちは新たなビジネスを切り拓いていくだろう。

イラク戦争で一躍有名になったPMCは、単なる一過性の現象ではなく、現在の国際安全保障環境によって構造的に生まれた存在である。もはや軍隊も外交官も国連職員もNGOも、彼らの存在なしで任務を遂行することはできない。これが対テロ戦争時代の現実であり、このリアルな実態が少しでも読者に伝えられたとすれば、本書の目的はほぼ達成されたといえるだろう。

最後に本書の出版の機会を与えてくださったちくま文庫と編集部の湯原法史氏に心から謝意を表したい。本書が国際政治や安全保障問題に関心をもつ一人でも多くの読者の目にとまれば、筆者にとってこれに勝る喜びはない。

平成二十二年四月二十八日

菅原　出

参考資料および取材・インタビュー先

第1章　襲撃された日本人

フィリップ・ムーリエへのインタビュー（2005年7月6日）
サイモン・ファルクナーへのインタビュー（2005年7月4日）
Perini Corporation, Windfalls of War-The Center for Public Integrity. 〈http://publicintegrity.org/wow/bio.aspx?act=pro&ddlC=45〉
ジョン・デイビッドソンへのインタビュー（2005年7月3日）
匿名PMC関係者へのインタビュー（2005年11月20日）
Robert E. Looney, The Business of Insurgency, *The National Interest.* (Fall, 2005)

第2章　戦場の仕事人たち

ハリー・E・ソイスターへのインタビュー（2003年12月3日）
P・W・シンガー著、山崎淳訳『戦争請負会社』（日本放送出版協会、2004年）
Deborah D. Avant, *The Market for Force.* (Cambridge University Press, 2005)
元クロアチア陸軍大将へのインタビュー（2001年8月2日）
Eugene B. Smith, The New Condottieri and US Policy : The Privatization of Conflict and Its Implications, *Parameters*. (Winter, 2002-03)
レスリー・ウェイン著、片岡夏実訳「アメリカで進む軍の民営化」『世界』（2003年4月号）
ヴィネル社ウェブサイト〈http://www.vinnell.com〉
William D. Hartung, Mercenaries Inc. : How a U.S. Company Props Up the House of Saud, *The Progressive*. (April, 1996)
William D. Hartung, Bombings Bring U.S. 'Executive Mercenaries' into the Light, *Los Angeles Times*. (May 16, 2003)
Dan Briody, *The Iron Triangle : Inside the Secret World of the Carlyle Group.* (John Wiley & Sons, 2003)

拙稿「対テロ戦争とイラク戦争」『新しい日本の安全保障を考える』(自由國民社、2004年)

Craig Unger, *House of Bush, House of Saud*. (Scribner, New York, 2004)

Control Risks Group, *RiskMap 2004.*

マーク・ブレス&ロバート・ロウ著、新庄哲夫訳『キッドナップ・ビジネス』(新潮社、1987年)

R・クラッターバック著、新田勇他訳『誘拐・ハイジャック・企業恐喝』(読売新聞社、1988年)

ジョン・ディビッドソンへのインタビュー (2005年7月3日)

Jim Hooper, *Bloodsong!* (HarperCollins, 2002)

David Isenberg, Soldiers of Fortune Ltd.: A Profile of Today's Private Sector Corporate Mercenary Firms. (Center for Defense Information, November, 1997)

Elizabeth Rubin, An Army of One's Own: In Africa, Nations Hire a Corporation to Wage War, *Harper's Magazine*. (No. 1761, Vol. 294, February, 1997)

Pratap Chatterjee, Mercenary Armies and Mineral Wealth, *Covert Action Quarterly magazine*. (Fall, 1997)

Madelaine Drohan, *Making A Killing*. (The Lyon's Press, 2003)

Michael Ashworth, Africa's New Enforcers-What Is a Mercenary?, *The Independent*. (September 16, 1996)

P・W・シンガーへのインタビュー (2003年9月15日)

Stuart McGhie, Private Military Companies: Soldiers, Inc., *Jane's Defence Weekly*. (May 22, 2002)

Peter H. Gantz, Private Military Companies-Soldiers of the UN's Good Fortune?, *Peace Operations*. I. (December 20, 2002)

Bring Executive Outcomes Back to Fight in Sierra Leone, *Business Day*. (May 10, 2000)

Mark Thomson, *War and Profit: Doing Business on the Battlefield*. (Australian Strategic Policy Institute, March, 2005)

第3章　イラク戦争を支えたシステム

アイク・スケルトン議員のウェブサイト〈http://www.house.gov/skelton/pr040504a.htm〉
United States Government Accountability Office (GAO), Rebuilding Iraq : Actions Needed to Improve Use of Private Security Providers. (GAO-05-737, July, 2005)
Neil King Jr. and Yochi J. Dreazen, In the Fray-Amid Chaos in Iraq, Tiny Security Firm Found Opportunity, *Wall Street Journal*. (August 13, 2004)
Lisa Myers & the NBC Investigative Unit, U. S. Contractors in Iraq Allege Abuses, MSNBC.com. (February 17, 2005)
Erik Eckholm, The Struggle for Iraq : Reconstruction ; U. S. Contractor Found Guilty of $3 Million Fraud in Iraq, *New York Times*. (March 10, 2006)
Pauline Jelinek, Day in Count for Custer Battles, *Associated Press*. (February 15, 2006)
Jason McLure, How a Contractor Cashed in on Iraq, *Legal Times*. (March 4, 2005)
Daniel Bergner, The Other Army, *New York Times*. (August 14, 2005)
Renae Merle, Security Firms Try to Evolve Beyond the Battlefield, *Washington Post*. (January 17, 2006)
Dana Priest, Private Guards Repel Attack on U.S. Headquarters, *Washington Post*. (April 6, 2004)
Fred Rosen, *Contract Warriors : How Mercenaries Changed History and the War on Terrorism*. (Alpha, 2005)
米軍関係者へのインタビュー（2005年6月30日）
駐イラクの米軍関係者からのEメール（2004年4月20日）
サイモン・ファルクナーへのインタビュー（2005年7月5日）
Dana Priest and Mary Pat Flaherty, Under Fire, Security Firms Form an Alliance, *Washington Post*. (April 8, 2004)
Pratap Chatterjee, *Iraq, Inc : A Profitable Occupation*. (Seven

Stories Press, 2004)
PBSの番組FrontlineにおけるAndy Melvilleのインタビュー（2005年6月21日）
〈http://www.pbs.org/wgbh/pages/frontline/shows/warriors/interviews/melville.html〉

第4章　働く側の本音

潮匡人「新しい戦争の主役となった特殊部隊」『日本人のちから』（Vol. 24, 2005年9月）
Thomas Catan, U.K. : Lunch and Conversation with Alastair Morrison, *Financial Times*. (March 25, 2005)
Pratap Chatterjee, Ex-SAS Men Cash in on Iraq Bonanza, Corp Watch. (June 9, 2004)
James W. Crawley, Commandos Leaving in Record Numbers : Less-Experienced Soldiers Being Promoted, *Winston-Salem Journal*. (July 30, 2005)
Richard Lardner, Senior Soldiers in Special Ops Being Lured Off, TBO. com. (March 21, 2005)
Bill Sizemore and Joanne Kimberlin, Blackwater : Profitable Patriotism, *The Virginian-Pilot*. (July 24, 2006)
ロバート・ヤング・ペルトン著、角敦子訳『ドキュメント現代の傭兵たち』（原書房、2006）
Bill Sizemore, Blackwater USA to Open Facilities in California, Philippines, *The Virginian-Pilot*. (May 16, 2006)
駐イラクの米軍関係者からのEメール（2004年4月28日）
デンジャーゾーンジョブ・ドットコムのウェブサイト〈http://www.dangerzonejobs.com〉
プライベートフォース・ドットコムのサイト〈http://www.privateforces.com〉
Colonel Gerald Schumacher, *A Bloody Business*. (Zenith Press, 2006)
John Burnett, The Trucker's War : On the Road in Iraq, NPR. (May 25, 2006)

John Burnett, Five Drivers : Trucking in a War Zone-part three, NPR. (May 26, 2006)

PBS の番組 Frontline における Paul Cerjan のインタビュー（2005 年 6 月 21 日）

〈http://www.pbs.org/wgbh/pages/frontline/shows/warriors/interviews/cerjan.html〉

Elizabeth Keenan, Idle Hands for Export : Thousands of Fijians are Leaving Home to Work in Iraq and Kuwait. Their Exodus Could Transform the Country, *Time*. (February 01, 2005)

グルカ兵ビージェーへのインタビュー（2006 年 10 月 16 日）

David Pugliese, Iraq : Armies of Low-Wage Workers Form the Backbone of Private Military, *Ottawa Citizen*. (November 17, 2005)

Sonni Efron, Worry Grows as Foreigners Flock to Iraq's Risky Jobs, *Los Angeles Times*. (July 30, 2005)

第 5 章　暗躍する企業戦士たち

本山美彦『民営化される戦争』（ナカニシヤ出版、2004 年）

日本戦略研究フォーラム『国際任務における現地での調整機構（兵站部門における部外力の活用）に関する調査研究』（2004 年）

ロバート・ヤング・ペルトン著、角敦子訳『ドキュメント現代の傭兵たち』（原書房、2006）

PBS の番組 Frontline における Peter Singer のインタビュー（2005 年 6 月 21 日）

〈http://www.pbs.org/wgbh/pages/frontline/shows/warriors/interviews/singer.html〉

Joel Brinkley and James Glanz, Contractors Implicated in Prison Abuse Remain on the Job, *New York Times*. (May 4, 2004)

Joel Brinkley and James Glanz, Contractors in Sensitive Roles, Unchecked, *New York Times*. (May 7, 2004)

Anitha Reddy and Ellen McCarthy, CACI in the Dark on Reports of Abuse, *Washington Post*. (May 6, 2004)

Pratap Chatterjee and A.C. Thompson, Private Contractors and

Torture at Abu Ghraib, CorpWatch. (May 7, 2004)
Elizabeth Book, Prophet Rushed to the Field for Intelligence Collection, *National Defense*. (September, 2002)
Neil Mackay, Private Contractors Were Implicated in the Abuse Scandal and Some Reports Even Suggest They Supervised Interrogations, *Sunday Herald*. (May 09, 2004)
Ellen McCarthy, CACI Plans to Drop Interrogation Work, *Washington Post.* (September 15, 2005)
David Phinney, Marines Jail Contractors in Iraq, CorpWatch. (June 7, 2005)
Josh White and Griff Witte, Tension, Confusion Between Troops, Contractors in Iraq, *Washington Post*. (July 10, 2005)
T. Christian Miller, Private Security Guards Operate With Little Supervision, *Los Angels Times*. (December 04, 2005)
David Phinney, Scandals Confront Military Security Industry, CorpWatch. (November 29, 2005)
英軍関係者へのインタビュー（2005年11月19日）
英国のPMC関係者へのインタビュー（2005年11月20日）
Jonathan Finer, Contractors Cleared in Videotaped Attacks, *Washington Post*. (June 11, 2006)
James Bamford, The Man Who Sold the War, *Rolling Stone*. (November 17, 2005)
Stephen J. Hedges, Firm Helps U.S. Mold News Abroad. *Chicago Tribune*. (November 13, 2005)
Pamela Hess, U.S. Slashes Iraq Costs, Fearing Backlash, *UPI*. (September 28, 2005)
Pamela Hess, KBR Workers in Iraq Paid 50 Cents An Hour, *UPI*. (December 3, 2005)
Pauline Jelinek, KBR Loses Lock on Army Contract, *The News & Observer*. (July 13, 2006)

第6章　テロと戦う影の同盟者

Tim Shorrock, US: The Spy Who Billed Me, *Mother Jones*.

(December 22, 2004)
Joshua Chaffin, US Turns to Private Sector for Spies, *Financial Times*. (May 17, 2004)
Major Evan Fuery, Divided by a Common Language : Influencing the United States to Follow Good Practice in Conflict Prevention and Security Sector Reform as Part of the Global War on Terrorism, *Journal of Security Sector Management*. (Vol. 3, Number 3, June 2005)
Eric Scheye, Gordon Peake and Francesco Mancini, Security Sector Reform and the Role of Private Contractors, *IPOA Quarterly*. (July, 2005)
JICS ウェブサイト、復興支援に関する緊急無償資金協力の進捗報告 〈http://www.jics.or.jp/jigyou/musho/nonpro/ir_fuk20060519.html〉
Bureau for International Narcotics and Law Enforcement Affairs of U.S. Department of State, The United States and International Civilian Policing (CIVPOL). (May 18, 2005)
The White House Office of the Press Secretary, Accomplishments at the G-8 Summit : Day Two. (June 10, 2004)
Global Peace Operations Initiative : Future Prospects, USIPeace Briefing. (October 21, 2004)
Nina M. Serafino, The Global Peace Operations Initiative : Background and Issues for Congress, CRS Report for Congress. (Order Code RL32773, February 16, 2005)
PMC 関係者へのインタビュー (2005 年 11 月 10 日)
DOD, State to Launch New Counterrerrorism Work in Asia and Africa, *Inside the Pentagon*. (August 3, 2006)
Elke Krahmann, From State to Non-State Actors : The Emergence of Security Governance, *New Threats and New Actors in International Security*. (Palgrave Macmillan, 2005)
David Barstow, Security Companies : Shadow Soldiers in Iraq, *New York Times*. (April 19, 2004)
Allison Connolly, Personnel Provider Expanding into Vehicles,

Blimps, *The Virginian-Pilot*. (January 11, 2006)
W. Thomas Smith Jr., Beyond the Dropzone, *World Defense Review*. (November 14, 2005)
Fallujah Mock-up Comes to Arkansas, *Associated Press*. (February 20, 2006)
I社のM社長へのインタビュー (2005年11月11日)

第8章　ブラックウォーター・スキャンダル

Adam Ciralsky, Tycoon, Contractor, Soldier, Spy, *Vanity Fair*. (January 2010)
James Risen and Mark Mazzetti, Blackwater Guards Tied to Secret C.I.A. Raids, *The New York Times*. (December 11, 2009)
Eric Schmitt and Paul von Zielbauer, Accord Tightens Control of Security Contractors in Iraq, *The New York Times*. (December 5, 2007)
Sabrina Tavernise, Maliki Alleges 7 Cases When Blackwater Killed Iraqis, *The New York Times*. (September 20, 2007)
David Johnston and John M. Broder, F.B.I. Says Guards Killed 14 Iraqis Without Cause, *The New York Times*. (November 14, 2007)
James Glanz and Sabrina Tavernise, Blackwater Shooting Scene Was Chaotic, *The New York Times*. (September 28, 2007)
Mark Mazzetti, C.I.A. Sought Blackwater' Help in Plan to Kill Jihadists, *The New York Times*. (August 19, 2009)
Walter Pincus, Reports Revive Debate on Contractor Use, *Washington Post*. (August 22, 2009)
James Risen and Mark Mazzetti, C.I.A. Said to Use Outsiders to Put Bombs on Drones, *The New York Times*. (August 20, 2009)

主な民間軍事会社（PMC）一覧

イージス・ディフェンス・サービス社 *Aegis Defence Services*
イギリス（ロンドン）www.aegisworld.com

サンドライン社やトライデント社など過去にいくつものPMCを設立し、数々のスキャンダルを引き起こしたことで有名なティム・スパイサー元英陸軍中佐が2002年に創設した会社。2004年にイラクで米国防総省と約300億円強の大型契約を結び、イラクの復興運営センター（ROC）の運営を任されたことにより一気に業界の大手にのし上がり、現在は英国PMC業界の「ビッグ・スリー」の一角を占める。2003年の売上は10億円程度だったものが、2005年には100億円を超すまで爆発的に急成長。しかし同社の売上の4分の3はイラク・ビジネスから来ており、イラク以外での業務拡大が今後のカギ。警備・警護サービスや軍事訓練の提供に加えて調査・インテリジェンス部門によるリスク分析に定評がある。アフガン（カブール）、ネパール（カトマンズ）、バーレーン（マナマ）、ケニア（ナイロビ）、イラク（バグダッド）、そして米国（ワシントンDC）に支店を構えている。

アーマー・グループ社 *Armor Group*
イギリス（ロンドン）www.armorgroup.com

この業界で25年以上のキャリアを有する老舗の一つで、世界38カ国で事業展開し約9000名の従業員を抱える英国「ビッグ・スリー」のうちの一社。前身は、アフリカ各国で主に英系の資源開発企業の警備を手がけたDSL社。提供しているサービスは、「警備・警護」「リスク・マネージメント・コンサルティング」「地雷・不発弾除去」と「セキュリティ訓練」である。2008年6月に、英警備大手のG4S社に買収され、G4Sリスク・マネージメントに社名変更した。

ブラックウォーター社 *Blackwater USA*
アメリカ（ノース・カロライナ）www.blackwaterusa.com

1997年に米海軍特殊部隊シールズの出身者たちが、軍隊や法執行機関向けに特殊なセキュリティおよび軍事訓練を提供する訓練会社として設立。斬新で柔軟な訓練ニーズに応えるのが設立以来の理念であり、

6000エーカーを超える同社の訓練施設では毎年数千人を超える軍人もしくは法執行機関のメンバーたちが訓練を受けている。現在のブラックウォーター社は九つの部門、すなわち、①ブラックウォーター訓練センター（民間では最大の射撃および戦術的銃器訓練のできるセンター）、②ブラックウォーター・ターゲット・システム、③ブラックウォーター・セキュリティ・コンサルティング、④ブラックウォーター・ケイナイン（麻薬犬など犬の取扱専門）、⑤海事安全保障部門、⑥防弾車両製造部門、⑦パラシュート降下チーム、⑧航空および⑨航空開発部門で成り立っている。イラク戦争を契機に政府向けの特殊訓練会社から、セキュリティ製品の開発・製造も含む総合的なセキュリティ・サービス会社へと転換している。「ブラックウォーター・スキャンダル」後、2009年2月に社名をXeサービスに変更、「ブラックウォーター」の名は市場から消え、上記のブラックウォーター訓練センターは、「U.S. Training Center」へ名称が変更された。

ブルーハックル・グループ社 *Blue Hackle Group*
イギリス（ロンドン） www.bluehackle.com
2004年5月に英米の情報機関、軍隊、法執行機関の出身者が設立。警備・警護からビジネス・インテリジェンス、市場調査、不正調査、危機管理コンサルティング、人質・誘拐コンサルティング、セキュリティ訓練などを幅広く提供。ロンドン本社には約20名のスタッフがおり、主にイラク、アフガニスタンやウガンダなどに450名のエキスパートを派遣して事業を展開している。

コントロール・リスクス社 *Control Risks*
イギリス（ロンドン） www.crg.com
1975年に人質解放、身代金交渉のエキスパートとしてユニークな危機管理ビジネスを開始したこの業界の草分け的存在。世界18カ国に支社を有し、5000社以上の優良企業をクライアントにもつといわれている。多国籍企業のリスク・マネージメント計画策定やビジネス・インテリジェンス・サービスから、イラクのようなリスクの高い国での身辺警護や車両護送まで、PMCのセキュリティ・サービスをほぼ網羅的に提供しており、英国系「ビッグ・スリー」の一社と位置づけられている。

最近では企業の内部不正調査や取引先相手の背景調査などの調査・インテリジェンス業務に特に力を入れているようである。

ダイン・コープ・インターナショナル社 *DynCorp International*
アメリカ（ヴァージニア）www.dyncorpinternational.com
同社の前身となる Land-Air Inc. が設立されたのは 1946 年だから、この会社は PMC 業界ではもっとも古い会社の一つである。もともと同社は航空機のメンテナンス支援をする技術スタッフのチームを派遣するビジネスモデルをつくり、早くも 1951 年には米空軍兵站司令部から米空軍機のメンテナンスを請け負う契約をとった。このように特定の専門技術で軍の後方支援を請け負うことでスタートした同社は、しだいにサービスの幅を広げ、外交官の身辺警護、警察や司法機関の人材訓練・育成、中南米やアフガニスタンでは麻薬対策の支援や民兵から回収した武器や弾薬の解体など幅広いサービスを提供している。現在は世界 30 カ国で 1 万 4000 名以上の従業員を抱える米国系 PMC の「ビッグ・スリー」の一つである。

エリニス・インターナショナル社 *Erinys International*
イギリス（ロンドン）www.erinysinternational.com
2002 年にアパルトヘイト時代の南アフリカ政府高官だったショーン・クリアリーと元英国陸軍のジョナサン・ギャレットが設立した。クレアリーは 03 年 10 月に代表取締役を辞職して英特殊部隊 SAS の英雄だったアラスター・モリソンがその地位を引き継いだ。エリニス社はアフリカの資源開発で欧米企業に対してセキュリティ・サービスを提供する程度の活動しか知られていなかったが、イラク戦争がはじまるとすぐにイラク子会社を設立。イラク国民会議（INC）のアフマド・チャラビー議長と強いコネクションがあり、03 年 8 月にはイラク全土のパイプラインの警備という大型案件を受注したことで一気に注目を集めた。最近では猛毒ポロニウムで変死した元ロシア情報機関の大佐アレクサンドル・リトヴィネンコがエリニス社のコンサルタントとして働いていたことがわかっている。

グローバル・ストラテジーズ・グループ社 *Global Strategies Group*

イギリス（ロンドン）www.globalgroup.com

1998年に設立され、中東、アフリカを中心に世界20カ国に支店を構える。イラクでは2004年以来バグダッド国際空港の警備を請け負ったことで一気にその存在が知られることになり、ネパールやフィジーの元軍人を大量に雇用して兵力不足の連合軍の後方支援を肩代わりしたことで有名である。同社はまた情報通信（IT）分野の技術開発にも力を入れており、米政府の委託で世界中のテロリストの国境を越えた移動を監視、分析、記録して保存するデータベースの構築に貢献しているという。

ハート・セキュリティ社 *Hart Security Ltd.*

キプロス www.hartsecurity.com

1999年に元DSL社のウェストベリー卿が設立した私企業。本社はキプロスだが、事実上の本社機能はロンドンが有する英系企業。日本ではイラクでの斎藤さん襲撃事件で有名な会社だが、2006年秋にドバイの海運大手DPワールド向けに企業セキュリティ・マネージメント・システムを開発し、国際的なISO認定を取得したことが明らかになっている。またEUスタッフ向けの危機管理訓練も受注するなど、クオリティの高い仕事を行ない知名度を上げている。

ヤヌジアン・セキュリティ・リスク・マネージメント社 *Janusian Security Risk Management*

イギリス（ロンドン）www.janusian.com

イギリスに本拠を置く欧州の危機管理大手リスク・アドバイザリー・グループ（The Risk Advisory Group）の子会社で、RAGがビジネス・インテリジェンス、リスク・マネージメントや企業の不正調査などを取り扱っているのに対して、ヤヌジアンは具体的なセキュリティの実動部隊として警備、警護、その他のセキュリティ・サービスを提供している。イラクにおいては車両護送から施設の警備やインテリジェンス分析まで幅広いサービスを行なっている。

クロール社 *Kroll*

アメリカ（ニューヨーク）www.kroll.com

1972年に創設された民間インテリジェンス企業の草分け的存在。幅

広い調査、インテリジェンス、金融、セキュリティのサービスを提供することで顧客のあらゆるリスクを軽減するというビジネスモデルを築いた。世界25カ国、65都市で約3900名の従業員を有する。対テロ戦争勃発後は新たにクロール・セキュリティ・インターナショナル（KSI）を設立して、イラクやアフガニスタンなどの紛争地で、車両護送や施設警備を含めたハードなセキュリティ・サービスも提供してきたが、2006年12月にKSIを売却、イラクやアフガンでの物理的なセキュリティ提供サービスからは撤退し、伝統的な調査、インテリジェンス・サービス重視へと回帰している模様。

MPRI社

アメリカ（ヴァージニア）www.mpri.com

防衛大手L-3コミュニケーションズ社の子会社であるMPRI社は、「訓練、シミュレーションやその他の高品質の政府向けサービス」に特化しており、同社の使命は「最高のクオリティの教育、訓練、組織的な専門知識と世界中の指導者育成」であり、伝統的なセキュリティの業務は扱っていない。すなわち要人警護や施設警備や危機管理マニュアル策定のようなセキュリティ業務ではなく、軍事訓練やドクトリン開発、シミュレーションやウォーゲームの開発や実施、装備の実地訓練など、より軍隊の支援という点にターゲットを絞ったサービスだけを行なっている。現在世界で3000名の従業員を抱えている。

オリーブ・グループ社 *Olive Group*

UAE（ドバイ）www.olivegroup.com

2001年5月に設立され、当初は「小さくても質の高いサービス」をモットーにしてきたが、今や世界5大陸20カ所に拠点を構え、グローバルレベルでサービスを提供できる会社に成長した。イラク戦争直後から米建設大手ベクテル社に雇われて英国の元特殊部隊員などを組織して派遣したが、その後米英政府はじめ民間企業やNGOにもサービスを提供。最近はセキュリティ訓練にも力を入れており、米軍のイラク派遣前訓練などを請け負っている。

ロンコー・コンサルティング社 *Ronco Consulting*

アメリカ（ワシントンDC）www.roncoconsulting.com

1974年に設立されたロンコー社は、人道的および商業的な地雷除去、不発弾処理サービスを専門的に行なうPMCで、世界中の紛争後の開発プロジェクトなどにかかわっている。1981年以来、300件以上の開発プロジェクトに参加し、89年以降世界35ヵ国で地雷や不発弾の処理に従事してきた。またこうした人道支援プロジェクトを進める上で不可欠なセキュリティのニーズに応えるべく、2003年以降はセキュリティ・サービス部門も立ち上げ、現地治安部隊の訓練・育成、拠点警備、車両護送や特殊要人警護などのサービスも行なっている。2008年4月には、G4Sグループのワッケンハット・サービス社に買収され、ロンコーの持つアセットはG4Sグループの中に統合された。

サイエンス・アプリケーション・インターナショナル社 *SAIC*

アメリカ（サンディエゴ）www.saic.com

ハリバートン社やベクテル社以上に米連邦政府と取引のある無名の会社SAICは、米国防総省、国土安全保障省、中央情報局（CIA）をはじめ、安全保障に携わるあらゆる政府機関の情報通信、技術、システム開発分野で、ブレーンを提供し続ける怪物企業である。従業員4万4000名が政府との年間9000件以上の契約を遂行する。もしCIAが局員のPC内の個人的な仕事についてチェックをしたいとするならばSAICに依頼をするし、税関当局が新しい記録保存のためのソフトウェアを欲しいときもSAICにお願いをする。国家安全保障局（NSA）が世界中のテロ組織の電話を盗聴してその会話内容をキーワードごとに分析するソフトウェアもSAIC製である。SAICはこうした技術やソフトウェアだけでなく、人材というソフトウェアも政府の要望に応じて提供しており、軍の特殊技能を有した人材の派遣業務も行なっている。一般的にはIT企業として知られるSAICは、こうして典型的なPMCの業務にも携わっているのである。

SOC-SMG社

アメリカ（ネバダ）www.soc-smg.com

SOC-SMG社は、海軍特殊部隊シールズの精鋭「チーム6」、国家安全保障局（NSA）、そして法執行機関のOBたち6名が集まって設立し

た会社で、車両警護や施設警備やセキュリティ訓練などの典型的なセキュリティ・サービスに加え、固定型もしくは移動型の監視装置や秘密カメラなどの機械装置を用いたインテリジェンス・サービスも提供している。クライアントは米陸軍工兵部隊や海兵隊、米陸空軍やマイクロソフトやベクテル社など米系の政府機関および民間企業が多い。

トリプル・キャノピー社 *Triple Canopy*
アメリカ（ヴァージニア）www.triplecanopy.com
　2003年に設立された若い企業だが、米特殊部隊デルタフォース出身者による質の高いアグレッシブなサービスによりイラクで大型案件を続々と獲得し、一気に米国系「ビッグ・スリー」入りを果たしている。イラク戦争で誕生し、同社の利益のほとんどがイラクで稼ぎ出されているため、米政府以外のクライアントからイラク以外の地域で仕事をとることができるかどうかが、同社の将来の鍵を握っている。同社はすでに多様な訓練サービスを開始し、民間企業のクライアント獲得に向けて舵を切り直している。

ヴィネル社 *Vinnell*
アメリカ（カリフォルニア）www.vinnell.com
　1931年に創業された米国系PMCの老舗。現在は兵器メーカー、ノースロップ・グラマン社の子会社。「米政府の代理人」として冷戦期から、政府が表立ってできない軍事支援を肩代わりする役割を果たしてきた。ホームページではビル管理業務や人材派遣業務やロジスティックス業務に加えて、控え目に軍事支援業務の紹介がなされている。かつて「CIAのフロント企業」とまでいわれた同社は、PMCがブームになったいまでも低姿勢を保ち続けており、その実態についてはいまだに不明な点が多い。

本書は二〇〇七年三月、草思社から刊行された『外注される戦争』を加筆・訂正して改題し、第8章を増補した。

敗戦後論　加藤典洋

「戦後」とは何か？　敗戦国が背負わなければならなかった「ねじれ」を、われわれはどうもちこたえるのか？　ラディカルな議論が文庫で蘇る。（内田樹）

大政翼賛会前後　杉森久英

戦前昭和史の全体主義的な気分を象徴する大政翼賛会とは何だったのか。崩壊に至る過程を体験した著者が、その真実を解き明かす。（粕谷一希）

甘粕大尉　増補改訂　角田房子

関東大震災直後に起きた大杉栄殺害事件の犯人、甘粕正彦。後に、満州国を舞台に力を発揮した伝説の男、その実像とは？（藤原作弥）

責任　ラバウルの将軍今村均　角田房子

ラバウルの軍司令官・今村均。軍部内の複雑な関係、戦地、そして戦犯としての服役。戦争の時代を生きた人間の苦悩を描き出す。（保阪正康）

公安調査庁の深層　野田敬生

インテリジェンス・ブームの裏で、なぜ公安調査庁は迷走しているのか。調査官としての体験やCIAでの研修を紹介しながら、組織強化の可能性を探る。

「戦争」に強くなる本　林信吾

「戦争」を避けるためには「戦争」をよく知る以外にない。アジア太平洋戦争についての基礎から応用篇までを、ブックガイドを通して読み解く入門書。

防衛黒書　林信吾

自衛隊は依然として国制上の矛盾である。法律・兵器・政治の相互関係を軸に、憲法制定から近年の調達疑惑まで、日本の国防問題の全貌を解き明かす。

第二次大戦とは何だったのか　福田和也

第二次大戦は数名の指導者の決断によって進められた。グローバリズムによって世界の凝集と拡散が進む今日、歴史の教訓を描き出す。（斎藤健）

軍事学入門　別宮暖朗

「開戦法規」や「戦争（作戦）計画」、「動員とは何か」、「勝敗の決まり方」など〝軍事の常識〟を史実に沿って解き明かす。（住川碧）

誰が太平洋戦争を始めたのか　別宮暖朗

戦争を始めるには膨大なペーパー・ワークを伴う「戦争計画」と、それを処理する官僚組織が必要である。その視点から開戦論の常識をくつがえす。

日本海海戦の深層　別宮暖朗

連合艦隊の勝利は高性能の兵器と近代砲術の組み合わせによる。『坂の上の雲』では分からない全体像をハードとソフトの両面で再現し、検証する。

東條英機と天皇の時代　保阪正康

日本の現代史上、避けて通ることの出来ない存在である東條英機。軍人から戦争指導者へ、そして極東裁判に至る生涯を通して、昭和期日本の実像に迫る。

〈敗戦〉と日本人　保阪正康

昭和二十年七、八月、日本では何が起きていたか。歴史的決断が下されるまでと、その後の真相を貴重な史料と証言で読みといた、入魂の書き下ろし。

孫文の辛亥革命を助けた日本人　保阪正康

百年前、辛亥革命に協力し、アジア解放の夢に一身を賭した日本人がいた。彼らの義に殉じた生涯を、激動の時代を背景に描く。（清水美和）

私の「戦争論」　吉本隆明／田近伸和

「戦争」をどう考えればよいのか？　不毛な議論に惑わされることなく、「個人」の重要性などを、わかりやすい言葉で説き明かしてくれる。

ハーメルンの笛吹き男　阿部謹也

「笛吹き男」伝説の裏に隠された謎はなにか？　十三世紀ヨーロッパの小さな村で起きた事件を手がかりに中世における「差別」を解明。（石牟礼道子）

自分のなかに歴史をよむ　阿部謹也

キリスト教に彩られたヨーロッパ中世社会の研究で知られる著者が、その学問的来歴をたどり直すことを通して描く〈歴史学入門〉。（山内進）

逃走論　浅田彰

パラノ人間からスキゾ人間へ、住む文明から逃げる文明への大転換の中で、軽やかに〈知〉と戯れるためのマニュアル。

わが半生（上）　愛新覚羅溥儀　小野忍／野原四郎／新島淳良／丸山昇訳

清朝末期、最後の皇帝がわずか三歳で即位した。紫禁城に宦官と棲む日々……。映画『ラスト・エンペラー』でブームを巻きおこした皇帝溥儀の回想録。

わが半生（下）　愛新覚羅溥儀　小野忍／野原四郎／新島淳良／丸山昇訳

満州国傀儡皇帝から一転して一個の人民へ。溥儀は第二次世界大戦を境に「改造」の道を歩む。訳者による、本書成立の経緯を史料として追加。

龍馬と八人の女性　阿井景子

龍馬と関わりのあった女たちの人生を、入念な取材と考証をもとに描くノンフィクション。幕末維新を生きた人間たちの息遣いが、ここにはある。

やくざと日本人　猪野健治

やくざは、なぜ生まれたのか？　戦国末期の遊侠無頼から山口組まで、やくざの歴史、社会とのかかわりを、わかりやすく論じる。（鈴木邦男）

三代目山口組　猪野健治

山口組の全国制覇を成し遂げた三代目・田岡一雄。事業への進出、政財界との関係、そして、抗争と和解、その軌跡をたどる。（山之内幸夫）

増補 経済学という教養　稲葉振一郎

新古典派からマルクス経済学まで、知っておくべき経済学のエッセンスを分かりやすく解説。本書を読めば筋金入りの素人になれる⁉（小野善康）

自民党戦国史（上）　伊藤昌哉

角福戦争、三木降ろし、四十日抗争……。政権獲得をめざして火花を散らす政治家たちの実態を、大平正芳の側近が生き生きと描き出す。

自民党戦国史（下）　伊藤昌哉

大平・福田両派の対立は、自民党全体を巻き込んだ四十日抗争へと発展し……。権力への執念、ライバルへの嫉妬が渦巻く政界の中枢を活写する。

生きている二・二六　池田俊彦

最年少の将校として参加した著者が記録した、二・二六事件。軍法会議の内幕や獄中生活など、語られてこなかった事実も描く。（中田整一）

国家とメディア　魚住昭

日本中に衝撃を与えた「ＮＨＫ番組改変問題」政治介入スクープ記事を収録。『日刊ゲンダイ』『ダカーポ』時評など報道の裏を読む。（森達也）

熊を殺すと雨が降る　遠藤ケイ

山で生きるには、自然についての知識を磨き、己れの技量を謙虚に見極めねばならない。山村に暮らす人びとの生業、猟法、川漁を克明に描く。

世界史の誕生　岡田英弘

世界史はモンゴル帝国と共に始まった。東洋史と西洋史の垣根を超えた世界史を可能にした、中央ユーラシアの草原の民の活動。

日本史の誕生　岡田英弘

「倭国」から「日本国」へ。そこには中国大陸の大きな政治のうねりがあった。日本国の成立過程を東洋史の視点から捉え直す刺激的論考。

倭国の時代　岡田英弘

世界史的視点から「魏志倭人伝」や「日本書紀」の成立事情を解明し、卑弥呼の出現、倭国王家の成立、日本国誕生の謎に迫る意欲作。

天皇の学校　大竹秀一

最高の人材を投じた帝王教育はどのように組織されていたのか。昭和天皇が五人の学友とともに過ごした七年間の歴史をたどる。（新保祐司）

破滅の美学　笠原和夫

「仁義なき戦い」などヤクザ映画の脚本家として知られる著者だからこそ知り得た映画にできなかったヤクザたちの本当の姿。（荒井晴彦）

三題噺　加藤周一

丈山の処世、一休の官能、仲基の知性……著者自らの人生のテーマに深くかかわる三人の人生の断面を見事に描いた意欲的創作集。（鷲巣力）

曹操　川合康三

後漢末の群雄割拠の時代、自らの才能だけを頼りにのし上がり、ついには一国の王者にまで上り詰めていくさまを、エピソードも豊かに描き出す。

よいこの君主論　架神恭介　辰巳一世

戦略論の古典的名著、マキャベリの『君主論』が、小学校のクラス制覇を題材に楽しく学べます。学校、職場、国家の覇権争いに最適のマニュアル。

龍馬　菊地明

手垢にまみれた一切の虚飾を剝ぎ取り、最後に残った史実のみを取り出せば、どんな坂本龍馬像が浮び上がるのか。「通説」に果敢に挑む一書。

ハプスブルク家の光芒　菊池良生

帝国の威光が輝くほどに翳もまた深くなる。絶頂の極みで繰り広げられた祝祭空間には、すでに、凋落の兆しが潜んでいた。（菅啓次郎）

闇屋になりそこねた哲学者　木田元

原爆投下を目撃した海軍兵学校帰りの少年は、ハイデガーとの出会いによって哲学を志す。自伝の形を借りたユニークな哲学入門。（与那原恵）

10宅論　隈研吾
ワンルームマンション派・カフェバー派・清里ペンション派・料亭派などの住宅志向を分析しながら論ずる日本人論。（山口昌男）

禅語遊心　玄侑宗久
世間の常識は疑ってかかる。無邪気に心を解き放つ。禅の真骨頂を表すことばの数々を、季節の移ろいに寄り添いながら味わい尽くす。（江上剛）

考現学入門　今和次郎　藤森照信編
震災復興後の東京で、都市や風俗への観察・採集からはじまった〈考現学〉。その雑学の楽しさを満載し、新編集でここに再現。（藤森照信）

日本異界絵巻　小松和彦／宮田登／鎌田東二／南伸坊
役小角、安倍晴明、酒呑童子、後醍醐天皇ら、妖怪変化、異界人たちの列伝。魑魅魍魎が跳梁跋扈する闇の世界へようこそ。挿画、異界用語集付き。

レトリックと詭弁　香西秀信
「沈黙を強いる問い」「論点のすり替え」など、議論に仕掛けられた巧妙な罠に陥ることなく、詐術に打ち勝つ方法を伝授する。

国家に隷従せず　斎藤貴男
国民を完全に管理し、差別的階級社会に移行する日本の構造を暴く。文庫化にあたり最新の問題（派兵、年金、民主党等）を抉る！（森達也）

報道されない重大事　斎藤貴男
平和と民主主義を覆す重要法案をメディアは伝えず、政治家や市民の言論も封殺にあい、言論の自由が危機に瀕する日本の今。（岡留安則）

「非国民」のすすめ　斎藤貴男
アメリカに追従し、監視と排外主義へと突き進んでいく日本に隷従する「生活保守主義者」とは？　文庫版ではその後の動きも分析。（佐藤優）

私の宗教入門　島田裕巳
『日本の10大新宗教』の著者が学生時代から始まる宗教との関わりを綴った体験的宗教入門。文庫版にあたりオウム事件以後の十年を増補。

聞き書き　にっぽんの漁師　塩野米松
北海道から沖縄まで、漁師の生活を訪ねて歩いた珠玉の聞き書き。テクノロジーの導入で失われる伝統の技、資源の枯渇……漁業の現状と未来。

ことばが劈《ひら》かれるとき　竹内敏晴

ことばとこえとからだと、それは自分と世界との境界線だ。幼時に耳を病んだ著者が、いかにことばを回復し、自分をとり戻したか。

決定版 ルポライター事始　竹中労

えんぴつ無頼の浮草稼業！　紅灯の巷に沈潜し、アジアへと飛翔した著者のとことん自由にして過激な半生と行動の論理！　（竹熊健太郎）

「自分」を生きるための思想入門　竹田青嗣

なぜ「私」は生きづらいのか。「他人」や「社会」をどう考えたらいいのか。誰もがぶつかる問題を平易な言葉で哲学し、よく生きるための〝技術〟を説く。

しくじった皇帝たち　高島俊男

隋の煬帝と明の建文帝——彼らはなぜ国を失ったか。ホントとつくり話の襞に分け入り、伝説に覆われた皇帝たちの実像に迫る。文庫オリジナル。

文学部をめぐる病い　高田里惠子

戦中・戦後の独文学者を主な素材に、日本のエリート＝(二流)のメンタリティを豊富な引用を使って鮮やかに意地悪に描く。　（斎藤美奈子）

田中清玄自伝　田中清玄　大須賀瑞夫

戦前は武装共産党の指導者、戦後は国際石油戦争に関わるなど、激動の昭和を侍の末裔として多彩な人脈を操りながら駆け抜けた男の「夢と真実」。

春画のからくり　田中優子

春画では、女性の裸だけが描かれることはなく、男女の絡みが描かれる。男女が共に楽しんだであろう性表現に凝らされた趣向とは。図版多数。

江戸百夢　田中優子

世界の都市を含みこむ「るつぼ」江戸の百の図像(手拭いから彫刻まで)を縦横無尽に読み解く。芸術選奨文科大臣賞、サントリー学芸賞受賞。

天皇百話（上）　鶴見俊輔　中川六平編

史上最長の在位を記録し、激動の時代の波をくぐりぬけた天皇裕仁の歩みをエピソードで綴るアンソロジーであり、「昭和史」でもある。　（鶴見俊輔）

天皇百話（下）　鶴見俊輔　中川六平編

上巻では、天皇の誕生から昭和二十年八月十五日まで、下巻では戦後の歩みをまとめる。皇族側近から庶民まで、幅広く話を集めた。　（中川六平）

山県有朋　半藤一利

長州の奇兵隊を出発点に明治政府の頂点にたった山県有朋。彼が作り上げた大日本帝国の仕組みとは？「幕末史」と「昭和史」をつなぐ怪物の生涯。

世界がわかる宗教社会学入門　橋爪大三郎

宗教なんてうさんくさい⁉　でも宗教は文化や価値観の骨格であり、それゆえ紛争のタネにもなる。世界宗教のエッセンスがわかる充実の入門書。

増補　民営化という虚妄　東谷暁

日本は「改革＝民営化＝正義」という「観念の罠」に囚われている。道路公団と郵政公社の問題に焦点を合わせ、諸外国の例を踏まえて実態を検証する。

増補　日本経済新聞は信用できるか　東谷暁

バブル、構造改革、ＩＴ革命、中国経済……そしてリーマン・ショック。巨大経済メディアの報道と論調を徹底検証する。

私の幸福論　福田恆存

この世は不平等だ。何と言おうと！　しかしあなたは幸福にならなければ……。平易な言葉で生きることの意味を説く刺激的な書。（中野翠）

疵　本田靖春

戦後の渋谷を制覇したインテリヤクザ安藤組の大幹部、力道山よりも喧嘩が強いといわれた男……。伝説に彩られた男の実像を追う。（野村進）

明治を生きた会津人　山川健次郎の生涯　星亮一

戊辰戦争後の苦難を嘗めた山川健次郎は、後に帝大総長となり近代教育の礎を築く。終生会津人の魂を持ち続けたその生涯を描く。（有馬朗人）

最後の幕臣　小栗上野介　星亮一

江戸幕府の外交・軍事・経済を握り、新政府により罪なくして斬罪に処せられた小栗上野介。幕末を支えた孤独な男の悲劇を描く。（童門冬二）

反社会学講座　パオロ・マッツァリーノ

恣意的なデータを使用し、権威的な発想で人に説教する困った学問「社会学」の暴走をエンターテイメントな議論で撃つ！　真の啓蒙は笑いから。

史観宰相論　松本清張

大久保、伊藤、西園寺、近衛、吉田などの為政者たちを俎上に載せ、その功罪を論じて、現代に求められるべき指導者の条件を考える。

ちくま文庫

民間軍事《みんかんぐんじ》会社《がいしゃ》の内幕《うちまく》

二〇一〇年六月十日　第一刷発行

著者　菅原　出（すがわら・いずる）
発行者　菊池明郎
発行所　株式会社　筑摩書房
東京都台東区蔵前二―五―三　〒一一一―八七五五
振替〇〇一六〇―八―四一二三
装幀者　安野光雅
印刷所　明和印刷株式会社
製本所　株式会社積信堂

乱丁・落丁本の場合は、左記宛に御送付下さい。
送料小社負担でお取り替えいたします。
ご注文・お問い合わせも左記へお願いします。
筑摩書房サービスセンター
埼玉県さいたま市北区櫛引町二―六〇四　〒三三一―八五〇七
電話番号　〇四八―六五一―〇〇五三

ISBN978-4-480-42719-9 C0131